面向虚拟现实技术能力提升新形态系列教材

虚幻引擎（Unreal Engine）技术案例教程

主　编　周学佳　周前程　李洪成
副主编　赵　莹　高晓昧　韩　莉

清华大学出版社
北京

内 容 简 介

本书介绍了虚幻引擎 5 在环境艺术设计领域的使用方法和技巧,通过项目案例,实践操作环境艺术室内设计项目,由浅入深地向读者展示虚幻引擎 5 的实用工具、功能和工作流程,确保读者能够掌握所需的知识和技能。

本书适合作为职业院校环境艺术设计、数字媒体艺术、数字媒体技术、虚拟现实应用技术等专业的课程教材,也可作为相关行业设计人员和爱好者的参考用书。

图书在版编目 (CIP) 数据

虚幻引擎(Unreal Engine)技术案例教程 / 周学佳, 周前程,
李洪成主编. -- 北京 : 清华大学出版社, 2024. 12. -- (面向虚拟
现实技术能力提升新形态系列教材). -- ISBN 978-7-302-67712-3

Ⅰ. TP391.98

中国国家版本馆CIP数据核字第20247XV958号

责任编辑:郭丽娜
封面设计:曹　来
责任校对:袁　芳
责任印制:丛怀宇

出版发行:清华大学出版社
　　　　网　　　址:https://www.tup.com.cn, https://www.wqxuetang.com
　　　　地　　　址:北京清华大学学研大厦 A 座　　　　邮　　编:100084
　　　　社　总　机:010-83470000　　　　邮　　购:010-62786544
　　　　投稿与读者服务:010-62776969, c-service@tup.tsinghua.edu.cn
　　　　质量反馈:010-62772015, zhiliang@tup.tsinghua.edu.cn
　　　　课件下载:https://www.tup.com.cn,010-83470410
印　装　者:三河市君旺印务有限公司
经　　销:全国新华书店
开　　本:185mm×260mm　　　印　张:17.5　　　字　数:425 千字
版　　次:2024 年 12 月第 1 版　　　印　次:2024 年 12 月第 1 次印刷
定　　价:59.00 元

产品编号:097848-01

前　言

如今，虚拟现实技术发展迅速，并在全球范围内广泛应用于各个领域，掀起了元宇宙的热潮。这一现象引发了人们对真实与虚拟之间边界的思考和追问。正如哲学家尼采所言："我们是谁？我们在哪里？"虚拟现实技术的出现重新定义了人们对身份和存在的思考。

虚拟现实技术是构建元宇宙的关键技术之一，为用户提供沉浸式的体验，让他们能够在虚拟世界中自由探索、创造和互动。其发展推动了元宇宙的进一步发展，将成为人机交互的综合计算平台。它是一种再造时空的技术，改变人类对时空的理解，使之成为一个充满活力和潜力的数字生态系统。

虚幻引擎（unreal engine，UE）是实现虚拟现实体验的重要工具之一，为开发者提供了无限的创作空间。本书针对 UE5 在环境艺术领域的使用方法和技巧进行编写，旨在引导设计师探索虚幻之旅，为其进入元宇宙提供支持。相较于传统三维建模，虚幻引擎制作的效果图具备更强大的实时渲染能力，具有光线追踪技术、虚拟现实和增强现实支持，能够简化工作流，并能够实现交互性和动态效果的展示。这些优势使得 UE5 在环境艺术设计中能够提供更加真实、生动和交互性的效果图，为设计师和用户带来更好的体验。

本书采用项目式设计，建议学时为 64 学时，分为六个项目，每个项目包含几个任务，配有相应的数字资源，读者可通过扫码获取练习资源完成任务工单。读者可跟随案例制作过程，学习 UE5 的使用和操作。每个项目的流程都是完整的，但侧重点不同：项目 1 介绍了虚拟现实技术的发展、在各领域的应用，以及在环境艺术设计中的优越性；项目 2 主要讲述了相关软件的安装、初始设置、界面工具等基础操作；项目 3 通过家居空间的模型操作，介绍了资源的导入与导出、插件安装使用等操作；项目 4 通过金茂新中式咖啡吧，补充介绍了另一种使用 FBX 导入和构建灯光的方法，重点讲解了 UE5 中三种常见材质的制作，以及 Sequencer 动画系统；项目 5 介绍了后期对整体视觉效果的调节，UE5 项目的发布与打包；项目 6 介绍了后期体积调整和场景漫游的制作输出；项目 7 以海洋公园为例做了全流程的案例讲解。

本书的编写离不开团队的努力和辛勤付出，从收集信息到项目详细步骤制作，编者投入了大量的时间和精力，并经过了严格的审核和反复的推敲，努力将准确、有价值的内容呈现给读者。本书由周学佳、周前程、李洪成担任主编，赵莹、高晓昧、韩莉担任副主编。参与本书编写的企业人员有上海钦念信息技术有限公司的顾鑫、顾进殿、关玉函，在此深表感谢。本书项目案例由 HBA（Hirsch Bedner Associates）全球设计顾问公司的中国区总裁李鹰和三维设计师苏醒提供，他们提供的优秀设计作品为本书的案例素材添彩，在此特别感谢。同时，还要感谢上海冰湖科技有限公司提供 VR 园艺体验的支持，感谢上海超星实业有限公司的支持。

我们深知自己的知识和经验有限，本书难免存在疏漏和不足之处。恳请读者批评、指正，在后续工作中我们加以修正和完善。

编　者

2024 年 9 月

目　录

项目1

虚拟现实概述
——虚拟现实的概念、应用和平台软件介绍

项目导读

通过学习本项目的内容，读者能够全面认识虚拟现实技术，理解其在现实生活中的应用领域和优势，了解虚拟现实开发软件和虚幻引擎，并明确第五代虚幻引擎（UE5）作为目前最适合应用在环境艺术设计中的虚拟现实技术所具有的优势。

项目任务书

建议学时	2 学时
知识目标	• 了解虚拟现实的定义和历史发展； • 理解虚拟现实、增强现实、混合现实、扩展现实的概念和区别； • 掌握虚拟现实技术在现实生活中的应用案例； • 了解虚拟现实软件，并深入了解 UE5； • 理解使用 UE5 进行环境艺术设计效果图的优势，并认识 UE5 是目前最适于应用在环境艺术设计中的虚拟现实技术
能力要求	• 能够清晰地阐述虚拟现实技术的定义和历史发展； • 能够准确描述虚拟现实、增强现实、混合现实、扩展现实的概念和区别； • 能够分析和说明虚拟现实技术在现实生活中的应用案例； • 具有收集有效信息和处理信息的能力； • 能够简述使用 UE5 进行环境艺术设计效果图的优势
项目任务	• 虚拟现实的概念及应用（1 学时）； • 虚拟现实应用的开发软件和平台（1 学时）
学习方法	• 教师讲授、学生收集资料讨论； • 组建团队，一起完成任务测试综述题
学习环境与 工具材料	• 可联网的机房； • 计算机； • VR 设备：PC 款或一体机，可分组使用一套设备

任务 1.1　虚拟现实的概念及应用

■ 任务描述

　　了解虚拟现实的定义和历史发展，理解虚拟现实、增强现实、混合现实、扩展现实的概念和区别，掌握虚拟现实技术在现实生活中的应用案例。

📚 知识准备

1. 虚拟现实的定义和发展

　　虚拟现实技术通过计算机技术和传感器等设备创建一个模拟的、与现实环境相似或完全不同的虚拟环境，使用户能够与虚拟环境进行交互，并产生身临其境的感觉。

　　虚拟现实技术的历史可以追溯到 20 世纪 60 年代。最早的虚拟现实设备是头戴式显示器和手柄控制器，用于模拟 3D 视觉体验。随着计算机图形学、传感器技术和处理能力的不断发展，虚拟现实技术逐渐成为可能。在过去几十年里，虚拟现实技术经历了多个阶段的演进。

图 1-1　"虚拟男孩"

　　20 世纪 80 年代，虚拟现实技术开始应用于科学研究和军事训练等领域。到了 90 年代，虚拟现实技术进入商业化阶段，出现了一些商用头戴式显示器和虚拟现实游戏。然而，尽管一些先进成果和先驱公司，如"虚拟男孩"（图 1-1）和 VPL 研究公司（一家早期致力于开发视觉编程语言和图形化编程工具的公司），在当时做出了重要贡献，但由于技术限制和市场需求的缺乏，虚拟现实技术并没有迅速普及。

　　近年来，随着计算机图形学、数据处理能力和传感器技术的迅速发展，虚拟现实技术取得了长足的进步。高分辨率的头戴式显示器、全景摄像头、追踪设备等新技术的引入，使得虚拟现实体验更加逼真和具有沉浸式特点。

　　从早期的实验研究到现今的商业应用，虚拟现实技术经历了持续的发展，为各个领域带来了新的可能性和体验，在娱乐、教育、医疗、建筑设计等领域中得到了广泛应用，为用户提供了全新的体验和交互方式。它不仅是一种科技创新，更是对现实提出了新挑战和新问题。虚拟现实世界不仅可以提供沉浸式的视听体验，还能够探索意识和身份之间的关系。

　　虚拟现实技术的发展为我们带来了无限可能性，我们可以超越现实的限制，探索无限的创造力和想象力。虚拟现实技术已经开启了一个新的时代，我们应该以开放的态度拥抱虚拟现实技术的来临。我们应该积极探索虚拟现实世界带来的可能性，同时保持对真实世界的关注。

2. VR、AR、MR 和 XR 的概念

虚拟现实（virtual reality，VR）、增强现实（augmented reality，AR）、混合现实（mixed reality，MR）和扩展现实（extended reality，XR）是人机交互领域中的重要概念，它们都基于不同方式的数字技术来创造沉浸式的体验。下面对这些概念进行详细介绍并比较它们之间的区别。

VR：通过戴上头戴式显示器（简称头显）或使用专门的设备，将用户完全沉浸在一个虚构的数字世界中。在这个虚拟环境中，用户无法感知现实世界的存在。VR 技术通常使用 3D 图形和声音效果，给用户一种身临其境的感觉，应用场景涵盖游戏、模拟训练、教育和娱乐等领域。VR 的优势在于提供完全沉浸式的体验，适用于游戏、模拟训练等需要身临其境体验的场景，有效节省教育场地成本和资源能耗。

AR：将计算机生成的虚拟元素叠加在现实世界的场景中，创造出新的增强体验。通过智能手机、平板电脑、头显或透明眼镜等设备，用户可以看到现实世界中出现虚拟图像、文字或视频等信息。AR 常用于游戏、广告营销、导航、导览、教育等领域。AR 的优势在于可以在现实世界中叠加虚拟信息，为用户提供更多的实时信息。

MR：将虚拟元素与真实世界物体结合在一起，并可以实时交互。MR 允许用户对虚拟对象进行操作、操控和修改，同时保留现实世界的感知。它整合了 VR 和 AR 的特点。MR 在设计、建筑、制造、医疗等领域有广泛的应用。MR 的优势在于可以将虚拟元素与真实环境结合，实现实时交互和操控。

XR：一个更加综合的概念，涵盖了 VR、AR 和 MR，是所有基于数字技术的技术和应用，通过计算机生成的数字内容与真实世界进行交互，改变了人们对现实的感知和体验。可以说，VR、AR 和 MR 统称为 XR 技术。XR 提供了更广泛的可能性，可以根据具体需求综合和灵活地选择 VR、AR 或 MR 的技术和方法，适用范围更广。VR、AR 和 MR 各自有不同的特点和应用领域，但都以扩展和增强用户的感知和交互体验为目标。

这些技术都在不同行业领域得到应用，并且随着技术的不断进步，它们之间的边界变得模糊，很多技术和产品已经同时融合并采用了多种概念。而根据具体需求和应用场景，可以选择最适合的技术来实现所需的体验。

3. 虚拟现实技术在现实生活中的应用

2016 年以来，数字化生活体验逐渐普及，虚拟现实技术走进了大众视野，人们开始追求视听体验与空间体验的接触感。随着虚拟现实技术越来越成熟，世界各地各领域中都有其应用。

1）医疗领域

虚拟现实技术正在发挥着巨大的作用。美国 Surgical Theater 公司开发了一款名为 SNAP（surgical navigation advanced platform）的虚拟现实系统。该系统将病人的具体 MRI 和 CT 结果转换为可视化模型，医生可以通过穿戴 VR 头显，进入一个逼真的解剖室，细致观察和学习人体器官的结构，逐层解剖，而无须使用真实尸体。医生还可以模拟手术操作，感受手术过程中的紧张和操作技巧。这种实时的虚拟现实系统可用于培训，使得医学专业的学生可以更好地理解和掌握复杂的解剖知识，提高手术准确性。

国内也有对虚拟现实技术在康复中应用的研究，研究显示有助于中风后的患者独立地完成日常活动，同时节省时间、金钱和其他成本，未来可能开发成商业虚拟现实游戏中的运动项目，以作为姿态平衡康复使用。

2）房地产领域

虚拟现实可以帮助建筑师、设计师和客户更好地预览设计效果、交流设计概念。例如，国内房地产销售平台贝壳网等使用虚拟现实技术来展示销售房产，具体来讲就是将建筑模型转化为虚拟环境，客户通过手机、平板电脑或 VR 头显漫游于房子内部，进而了解房型，感受空间尺度，评估设计细节，有效地做出筛选决策，实现了 360° 在线看房，节省了看房的人力和时间的成本。

3）教育领域

在教育领域，虚拟现实技术也被广泛应用。国内一些学校、教育机构开始采用虚拟现实技术来改善教学，通过使用 VR 头显和交互设备，学生可以参观历史遗址、深入探索微观世界，以及进行实践性的科学实验，增强学习的沉浸感和参与度，这不仅提高了学生的参与度和兴趣，还加深了他们对知识的理解和记忆。

在化学工程学教学中，虚拟现实技术被用于创建虚拟化学工厂、制造虚拟实验室事故，向学生展示不遵守安全规程所带来的后果。类似这种教学场景，可以在实训之前加入虚拟实验环节，减少教学过程中对危险化学品的使用，从而减少学生的操作失误，提高学习效率。

4）艺术设计领域

各 VR 平台也提供了很多专业设计应用，有的提供一种虚拟展示方式，有的则通过穿戴头显，使设计师可以直接在虚拟环境中进行设计。下面列举几个流行的 VR 设计软件，它们在功能和工作流程上可能有所不同。由于 VR 应用不断涌现，更新也快，因此建议读者根据自己的需求和偏好进行进一步研究和比较，选择适合自己的工具。

（1）服装设计。目前还没有特定的 VR 软件应用于虚拟环境中的服装设计，虚拟现实技术更多的是应用在模拟试衣、虚拟展示和客户体验等方面。一些新锐的服装设计师探索了虚拟服装定制和线上售卖，这些形式成了时尚新宠。

（2）产品设计。Gravity Sketch 提供了一种直观的、以手势为基础的 3D 绘图和建模体验：用户需要穿戴头显，在虚拟现实环境中自由地进行创作和设计，如设计生活用品、交通工具、服装鞋帽等，操作非常简单友好。

（3）动画设计。Oculus Quill 是由 Oculus 开发的一款绘画工具，它允许用户在虚拟现实中以立体的方式进行绘画创作，它提供了丰富的绘画工具和画笔效果，可以创建出具有艺术感和立体感的作品。用户可以使用手柄或触控笔在空间中绘制、涂鸦和创作，并通过控制时间和视角来制作动画效果。Tvori 是一款用于虚拟现实动画制作的工具软件，它提供了一个直观易用的创作界面，使用户可以在虚拟环境中创作、布置场景、设置角色动作、添加音效等。用户可以通过手柄或控制器进行操作，以一种类似玩具的交互方式创建动画。Tvori 还支持与其他虚拟现实设备进行交互，如导入 3D 模型、录制动作和导出制作好的动画。

（4）艺术创作。可以用 Tilt Brush、Medium by Adobe 等软件在虚拟空间中进行创作。Tilt Brush 是由 Google（谷歌）公司开发的一款创意艺术应用程序，主要用于在虚拟现实环境中进行绘画和创作。通过穿戴 VR 头显和使用手柄，用户可以在虚拟空间中创造三维绘画和立体艺术作品。Medium by Adobe 是 Adobe 公司推出的一款虚拟现实 3D 造型工具，它旨在帮助设计师和艺术家实现在虚拟空间中进行雕塑和建模创作。通过穿戴 VR 头显和使用手柄，用户可以直接在虚拟空间中操纵工具，以类似于真实雕塑的方式塑造和细化 3D 模型。

（5）艺术展览。Google Arts & Culture 是谷歌与 1000 多所全球知名的艺术机构开展的一个合作项目，将全球 70 多个国家和地区的历史建筑、博物馆和艺术作品全部数字化，这样人们就可以足不出户地在网上欣赏到高清的艺术作品。

（6）建筑环艺设计。目前还没有直接在虚拟空间中设计的 VR 应用。通常，设计过程结合使用 3ds Max、SketchUp（草图大师）、Rhino（犀牛）等三维软件进行建模，再导入 UE5 或 Unity 中，以实现虚拟漫游、虚拟建模、虚拟协同设计、虚拟可视化分析等功能。利用该技术的互动性和体验性，设计人员可以提高环艺设计的效率，增强用户的体验感、提高其满意度，最大化地提升环艺设计效益。

上海电子信息职业技术学院设计与艺术学院和上海冰湖科技有限公司联合开发了一款名为"虚拟花园"的 VR 园艺应用，用于在虚拟环境中模拟园艺设计，具体来说就是用户穿戴头显，可以在虚拟空间中模拟种植绿植、铺设园路、选择建筑和园艺装饰物，快速打造出虚拟花园。该应用为环艺景观设计专业的学生提供了一个安全的虚拟实践空间，通过该应用，他们可以实现从平面图到效果图的升维设计。同时，为学校节省园艺实践的空间用地，也节约了沙石砖瓦、绿植耗材等成本。此外，虚拟花园应用还能为客户提供虚拟方案。客户可以直接进入设计中，理解设计师意图，并与设计师沟通设计细节，这将极大地提高沟通效率，帮助设计师更好地服务客户。

5）旅游行业

VR 技术可用于文化遗产的保护、恢复和展示，实现实景复原。国内有团队将敦煌莫高窟和永乐宫壁画等文化遗产通过 3D 扫描和建模，进行数字化保存，并通过 VR 技术在全球范围内向游客展示。这使得游客能够以一种沉浸式和互动的方式体验文化遗产，同时减少对实际遗产的磨损和人为干扰。

这些生动的场景只是 VR 技术在行业中的一部分应用，除此之外，VR 技术还被应用于娱乐游戏、商业、制造业、军事等众多行业领域。近几年 AIGC 技术的迅猛发展为虚拟现实领域带来了全新的可能性。例如，RealityScan 通过视觉识别技术，用移动设备对周围物体或环境进行拍摄扫描，即可生成虚拟物体或场景的模型，模型可导入 UE5 中，在虚拟现实场景中创造逼真的数字资产。这意味着开发者能够借助人工智能算法和模型，快速创建出复杂而逼真的虚拟环境，大大节省了开发者的时间和精力。随着技术的不断进步，虚拟现实将继续在各个领域发挥重要的作用，改善人们的工作、学习和娱乐体验，为人们创造沉浸式和超出想象的体验，同时也为各领域提供新的创新和发展机会。

任务实施

"虚拟花园"
安装包

步骤 1：条件允许的情况下，获取"虚拟花园"基础版的链接，并安装该应用，该应用适配 HTC VR 头显设备。

步骤 2：通过操作 VR 设备体验虚拟环境，尝试在该应用中进行花园设计。

步骤 3：描述虚拟花园的设计实施过程的体验，总结 VR 实践教学的优点和缺点，提交 250 字左右的体验报告。

任务 1.2　虚拟现实应用的开发软件和平台

▉ 任务描述

了解虚拟现实软件，并深入了解 UE5 开发引擎，能够梳理出使用 UE5 完成环境艺术设计效果图的优势，并理解 UE5 如何是目前最适于应用在环境艺术设计中的虚拟现实技术。

 知识准备

1. 常用的虚拟现实应用制作软件

（1）Unity：一款功能强大的跨平台开发引擎，被广泛用于虚拟现实应用的制作。它提供了丰富的工具和资源，支持多种硬件设备，包括 Oculus Rift、HTC Vive 等，并提供了 VR 开发的相关功能和插件，使开发者能够轻松创建交互式的虚拟现实应用。

（2）UE：一款非常流行的开发引擎，广泛用于虚拟现实应用的制作。它提供了高度逼真的图形渲染技术和强大的物理引擎，支持多种 VR 设备，并且具有可视化脚本编程功能，方便快速开发虚拟现实应用。

（3）CRYENGINE：专为游戏和虚拟现实应用开发而设计的一款强大引擎。它提供了高度逼真的图形和物理仿真效果，支持多种 VR 设备，如 Oculus Rift、HTC Vive 等。CRYENGINE 还具有可视化编辑器和脚本系统，方便开发者创建交互式的虚拟现实体验。

这些软件都提供了丰富的开发工具和资源，搭配其他软件和插件，可以帮助开发者创建各种类型的虚拟现实应用，如游戏、培训模拟、虚拟漫游、虚拟协同工作等。

2. 虚拟现实（VR）平台

VR 平台可以分为硬件平台和软件平台两种，硬件平台用于将用户带入虚拟现实世界，而软件平台则为用户提供和管理虚拟现实内容。

硬件平台是指创建虚拟现实体验的设备，如头显、手柄控制器、基站等，是用户与虚拟世界之间的桥梁。不同品牌和型号的硬件平台兼容性不同，用户需要选择适合自己需求和预算的设备。例如，Oculus、HTC Vive、Pico、酷睿视等都是常用的 VR 设备品牌。Oculus Quest、Pico 4 Pro、Goovis G3 Max、Apple Vision Pro 一体机是 VR 设备未来的发展趋势，因为 VR 一体机减少了线缆束缚，不需要外部设备的支持，性能稳定流畅，其独立性、移动性和灵活性让用户可以更加便捷地体验虚拟现实的世界。

软件平台则是指创建、管理和提供虚拟现实内容的软件系统。它可以是一个虚拟现实操作系统或应用程序，也可以是一个虚拟现实内容库或网站。不同的软件平台提供不同类型的虚拟现实内容，如游戏、音乐、电影、教育等。同时，它们也提供一些虚拟现实交互功能和社区平台，让用户可以更好地享受虚拟现实体验，并与其他用户交流。例如，SteamVR、Google Cardboard、Samsung Gear VR、Magic Leap One、Apple ARKit 等都是常用的虚拟现实软件平台。

硬件平台和软件平台一起，共同作为虚拟现实生态系统的重要组成部分，为用户提供虚拟现实体验和交互方式的内容。

3. 开发引擎——UE5

采用虚拟现实技术制作效果图，相对于传统三维软件在创造逼真场景和沉浸式体验方面具有许多突出表现的优势，它能给客户提供直观、具有互动性的效果图，若搭配穿戴头显，还可以身临其境地感受整个环境的设计效果。

UE5 是一款由 Epic Games 开发的游戏引擎，用于创建高品质实时交互性应用程序，如电子游戏、VR 和 AR 体验、动画、影视特效等。本书选择用 UE5 进行环艺设计项目教学，是因为 UE5 与传统效果图制作软件 3ds Max 和同为开发引擎的 Unity 相比，具有以下优势。

（1）虚拟纹理系统：UE5 采用了 Nanite 虚拟纹理系统，这是一种用于优化渲染性能的技术。在传统渲染方式中，对于大规模细节丰富的场景，需要将所有的几何体和纹理数据加载到图形内存中进行渲染，这样会导致内存消耗很高；而虚拟纹理系统是一种可视化效果优化技术，通过将纹理数据进行分块、压缩和级别细分处理，只在需要的时候动态加载纹理数据。这使开发者可以在不牺牲性能的前提下创建极其细致和复杂的场景，因此能够处理大规模高分辨率的纹理数据，提供更高质量、更细节化的材质表现，为创作者提供更高的渲染效率和更强大的优化性能。

（2）实时渲染和光线追踪：UE5 拥有强大的渲染引擎，提供高质量的视觉效果和渲染性能，并配备了实时可视化工具，引入了 Lumen 光线追踪技术，能够实现实时的全局光影效果，使得场景中的光照更加真实。如实时灯光编辑器、可实时调整的材质编辑和渲染迭代等功能，能快速提供逼真的场景渲染效果。3ds Max 虽然内置了多个渲染器（如 Arnold、VRay）等提供高品质的渲染效果，也支持光线追踪技术，用户可以使用其集成的 Arnold 渲染器等插件来实现逼真的光照效果，但它主要用于静态渲染和预先制作的内容创作，应用在静态场景、产品可视化和建筑设计等方面。

（3）蓝图系统和交互性：UE5 内建的蓝图系统和交互功能在面向游戏开发和交互应用的需求上表现较好，支持实时交互和动态逻辑控制。例如，可以使用蓝图创建角色控制器、物体交互、触发器、动画序列等，使用户能够自由移动并与虚拟场景进行互动，增强沉浸式体验。而 3ds Max 的蓝图系统和交互性功能更加注重静态场景的渲染和动画制作，以及批量处理和自动化操作。

（4）虚拟现实设备支持：UE5 对虚拟现实设备有良好的支持，可以将创作的虚拟场景直接应用到虚拟现实头显上，提供更沉浸式的体验。通过虚拟现实设备，用户可以身临其境地感受虚拟场景，这也是虚拟现实技术应用价值的重要体现。3ds Max 本身并不是专门为虚拟现实开发设计的，它更适合应用于建模、静态渲染和创作内容。

综上所述，UE5 相对于传统三维建模在逼真场景和沉浸式体验方面有着显著的优势，包括虚拟纹理系统、实时渲染和光线追踪、蓝图系统、交互性和虚拟现实设备支持等。这些技术和功能使得创作者能够更好地模拟真实世界，提供更逼真、更沉浸的虚拟场景体验。

同样作为开发引擎的 Unity，具有简单易操作的界面和工具，而且拥有繁多的插件，提供了各种各样的工具、资源和模块，使开发者能快速构建应用程序，适合小团队使用。Unity 强大的功能和灵活性更适合游戏、虚拟应用的开发。对于环境艺术（后称环艺）设计领域，目前虚拟现实技术主要用于效果图的互动展示，功能和交互性的要求并不高，所以 UE5 相对更适合。UE5 能够提供完整的虚拟现实设备支持和工具，帮助设计师更好地利用虚拟现实技术进行环艺领域的创作和展示。

目前环艺行业也有不少人选择用酷家乐来制作 VR 效果图。酷家乐是一款专注于室内设计和家居装修的在线工具，虽然它提供了较多的材质和光照效果，但相对于虚拟现实开发引擎（如 UE5）来说，其渲染技术可能略为失真，而 UE5 则更适合需要高度逼真的虚拟现实体验、自定义性要求较高的项目。

因此本书选择 UE5 作为环境艺术设计专业的虚拟现实技术教学软件，为环艺专业的学生掌握虚拟现实技术，或未来跨专业从事跟虚拟现实相关的其他工作，提升创作能力和就业竞争力。

 任务实施

步骤 1：按虚拟现实技术的发展年代，通过网络收集信息，介绍 VR 在发展过程中，由哪些厂家推出过哪些 VR 产品。

步骤 2：收集 VR、AR、MR 和 XR 在不同领域中应用的案例，展示和介绍案例，并分析新技术在这些案例中的优势和不足。

步骤 3：结合本项目的内容学习和虚拟现实的体验感受，开拓思路，和身边的同学头脑风暴一下，探讨 VR 在其他领域结合的可能性，并大胆畅想一下未来元宇宙世界的样子，描述越详细越好。

项目2

Unreal Engine 5 的基本操作
——UE5 的安装和操作界面工具的介绍

项目导读

使用 UE5 之前，需要对其有清晰的认识，能够独立下载并安装 UE5，初步认识 UE5 的各项功能与界面，熟悉其中的基本术语与基础操作方法。在此基础上，通过练习，能够规范使用 UE5 进行模型导入、导出，能够下载并安装插件，熟练使用插件来转换模型，通过动手实践等方式达到熟能生巧的目的。本项目将系统介绍 UE5 的基本概念、界面、下载安装方法和基本操作。

项目任务书

建议学时	5 学时
知识目标	• 掌握 UE5 的安装方法； • 掌握操作界面与基础工具的使用方法； • 掌握场景创建与设置方法； • 掌握文件夹命名的规范； • 掌握草图大师模型的导入方法
能力要求	• 能够独立下载并安装 UE5； • 能够初步认识 UE5 的各项功能与界面； • 能够规范使用 UE5 进行导入、导出； • 能够下载并安装插件； • 能够熟练使用插件来转换模型
项目任务	• UE5 的安装（1 学时）； • UE5 界面介绍和基础工具使用（1 学时）； • 项目设置（2 学时）； • 在 3ds Max 和草图大师模型中导入 UE5（1 学时）
学习方法	• 教师讲授、演示； • 学生练习、实践
学习环境与 工具材料	• 可联网的机房； • 计算机

任务 2.1 UE5 的安装

■ **任务描述**

　掌握下载并安装 UE5 的方法。

任务实施

步骤 1： 从 Epic Games 官网下载启动程序。

在安装和运行 UE5 之前，需要下载并安装 Epic Games 启动程序。使用搜索引擎搜索 Epic Games，进入 Epic Games 的官网主页。单击页面右上角的"下载"按钮下载安装包，如图 2-1 所示。

图 2-1　Epic Games 官网界面

双击运行安装包，根据提示完成安装，如图 2-2 所示。

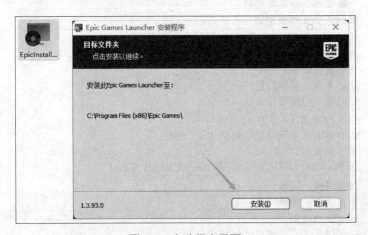

图 2-2　启动程序界面

安装完成后，计算机桌面会出现一个名为 Epic Games Launcher 的图标，即 Epic 快捷方式，如图 2-3 所示。双击该图标运行。

步骤 2：登录启动程序并创建 Epic Games 账号。

（1）首次运行启动程序时，需要登录 Epic Games 账号，如图 2-4 所示。

（2）单击页面左下角的设置按钮，打开"设置"页面（图 2-5），即可设置 Epic 显示语言，此处选择"中文（简体中文）"选项。

图 2-3　Epic 快捷方式

图 2-4　Epic Games 账号登录界面

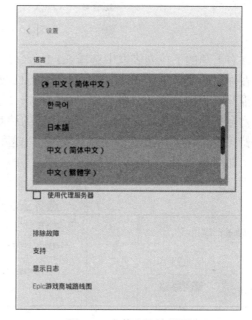

图 2-5　中英文切换界面

（3）注册一个 Epic Games 账号并登录，如图 2-6 所示。

（4）登录之后，在界面左边单击"虚幻引擎"标签，再在界面上方单击"库"标签进入页面，这个页面将会记录用户安装的各个 UE 版本、所有创建的工程文件，以及虚幻商城购买的资产（UE 的模型、材质、蓝图等资源统称资产），如图 2-7 所示。

图 2-6　注册登录界面

图 2-7　登录后的界面

步骤 3：下载 5.1.1 版本的 UE5。

如图 2-8 所示，单击"引擎版本"右侧的"+"按钮添加 UE5 软件。

图 2-8　安装界面

在右上角的下拉列表框中选择 5.1.1 命令，单击"安装"按钮，如图 2-9 所示。

在弹出的窗口中（图 2-10），可以自行修改安装位置，由于 UE5 需要占用的空间非常大，推荐安装在 C 盘以外的大磁盘中。单击"选项"按钮，可以对安装内容进行取舍。例如，目标平台中的选项，指的是最后构建的游戏要在哪个平台上运行，按需安装对应平台的支持（Windows 相关支持已默认安装）。这里可以全部取消勾选，单击"应用"按钮并安装，如图 2-11 所示。

图 2-9　修改版本界面

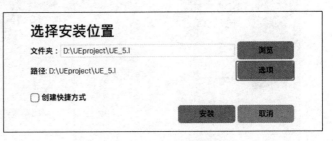

图 2-10　修改安装位置

图 2-11　安装内容取舍

然后也可以单击"启动"旁的下三角按钮，选择下拉列表框中的"选项"重新下载。

 任务工单

请根据本任务中的步骤，独立下载并安装 UE5 软件。

任务 2.2　UE5 界面介绍和基础工具使用

■ **任务描述**

　掌握 UE5 界面的几大功能，实现在场景中自由移动的方法，掌握操纵物体移动、旋转、缩放的快捷键。

 任务实施

步骤 1：新建项目。

打开平台，启动 UE5，新建项目。选择"游戏"→"空白"命令，选择项目保存的位置，输入项目名称（英文名称），单击"创建"按钮，如图 2-12 所示。

图 2-12　创建项目界面

创建完成，视图窗口中是一个拥有光照的完整场景，如图 2-13 所示。

图 2-13　初始视图窗口

步骤 2：修改布局。

为方便操作，熟悉 UE4 的用户，可将 UE5 布局改成 UE4 布局。选择"窗口"→"加载布局"→"UE4 经典布局"命令，如图 2-14 ～图 2-16 所示。

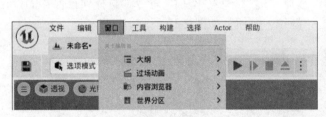

图 2-14　窗口菜单

图 2-15　加载布局

图 2-16　UE4 经典布局

步骤 3：操作界面介绍。

界面可分为工具栏、视图窗口、"放置 Actor"面板、"大纲"面板、"细节"面板、"内容浏览器"面板。

首先介绍一下界面的工具栏，如图 2-17 所示。

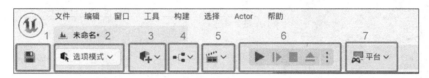

图 2-17　工具栏

（1）"保存"功能：用于快速保存当前的关卡地图。

（2）"模式选择"功能：默认是选项模式。

（3）"快速添加到项目"功能：可以创建添加一些 UE5 默认的资源，包括一些基础的模型、灯光，还包含 Quixel Bridge 资产库，可以从里面免费下载高精度的资产。

（4）"蓝图设置"功能：可以通过它来创建和编写蓝图。

（5）"关卡序列"功能：用来制作动画、录制影片。

（6）"运行"功能：激活后可以实时运行当前的关卡。

（7）"平台"功能：当项目完成后，可以使用这个功能将项目打包成一个应用，发布到不同的平台上。

屏幕中间是视图窗口，用来展示当前地图关卡的内容，如图 2-18 所示。

图 2-18　视图窗口

视图窗口左边是"放置 Actor"面板，和工具栏的第三个图标一样用于创建资产。如图 2-19 所示。

界面右边是"大纲"面板，记录了当前视图中的所有物体，如图 2-20 所示。

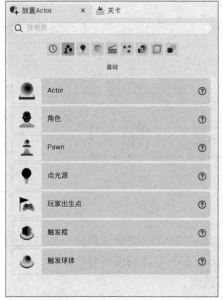

图 2-19 "放置 Actor" 面板

图 2-20 "大纲" 面板

"大纲"面板下方是"细节"面板，当在"大纲"面板中选中一个物体时，就可以从"细节"面板看到和调整该物体的属性，如图 2-21 所示。

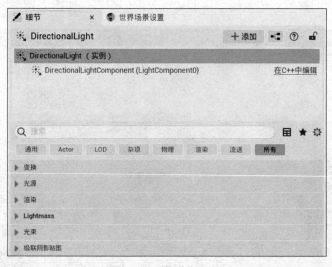

图 2-21 "细节" 面板

视图窗口下方是"内容浏览器"面板，这是 UE5 的主要区域，用于在虚幻项目中创建、导入、整理、查看和修改内容资产，如图 2-22 所示。它就像一个资源库，导入此工程的资产全都储存在这里，可以将资产从这里拖入到视图窗口中，而视图窗口中添加或删除资产等操作则不会影响内容浏览器。

"保存所有"按钮非常重要，每次项目修改结束，都不要忘记单击该按钮，如图 2-23 所示。

图 2-22 "内容浏览器"面板

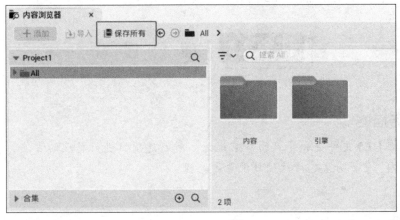

图 2-23 "保存所有"按钮

步骤 4：UE5 的基础操作。

（1）在地图中漫游。在视图窗口中按住鼠标右键，然后拖动鼠标，视角会随着鼠标变换，W、S、A、D 键是方向键，分别代表前、后、左、右，Q 键是下降键，E 键是上升键，按住鼠标右键的同时按方向键，就可以在视图中自由移动了。

（2）编辑物体的基础方式。

不按鼠标右键时，W、E、R 键分别是移动、旋转、缩放的快捷键。可以使用这个功能对视图窗口中的物体进行编辑，如图 2-24 所示。

 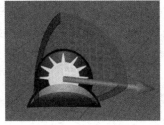 

图 2-24 基础操作

在视图窗口的右上角可以修改移动、旋转、缩放的变换参数。修改摄像机的数值可以改变视角的移动速度，如图2-25所示。

图2-25　视图窗口右上角的图标

任务工单

请根据本任务所学，熟悉UE5的界面、基本功能和基本操作。

任务 2.3　项 目 设 置

■ 任务描述

　　掌握UE5文件夹和资产的命名规范，对新建项目进行整理的方法，创建文件夹结构、资产分类、修改项目设置等过程。

知识准备

文件夹和资产命名规范如下。

（1）UE5文件夹通用的结构如下。

- Maps文件夹：用于存放关卡地图；
- Geometries文件夹：用于存放模型；
- Materials文件夹：用于存放材质实例；
- References文件夹：用于存放材质；
- Texture文件夹：用于存放纹理贴图。

（2）资产的命名通用格式为：类型_名称_序号（可无）_后缀。

- 蓝图资源为BP_XX；
- 骨骼模型为SK_XX；
- 静态模型为SM_XX；
- 动画资源可以按照具体功能自由命名；
- 蒙太奇动画为AM_XX；
- 动画蓝图为ABP_XX；

- 特效为 P_XX；
- 音效为 Sound Cue SC_XX；
- 材质为 M_XX；
- 材质实例为 MI_XX；
- 材质函数为 MF_XX；
- 贴图为 T_XX；
- Sprite 为 SP_XX；
- Render Target 为 RT_XX；
- 物理材质为 PM_XX；
- 法线贴图为 XX_N 或 XX_Normal；
- 漫反射为 XX_D 或 XX_Diffuse；
- 蒙版贴图为 XX_M；
- 自发光贴图为 XX_E；
- 粗糙度贴图为 XX_R。

上述名称命名中 XX 使用驼峰命名法，即从第一个单词开始以后的每个单词的首字母都采用大写字母，如 T_BackGround，名称也可以是拼音，如 T_Beijing。注意，命名时文件名一定不要重复，不然导入时会相互覆盖。

 任务实施

步骤 1：根据文件结构，创建分类文件夹。

在内容浏览器里创建目录文件夹，将文件分类。创建 Geometries、Maps、Materials、StarterContent、Texture 五个文件夹。把 References 文件夹放入 Materials 文件夹里，如图 2-26 所示。

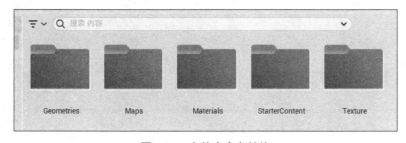

微课：Lumen 光照项目设置

图 2-26 文件夹命名结构

创建完成后，选择左上角的"文件"→"保存当前关卡"命令，将关卡保存到 Maps 文件夹里，命名为 Map1。

步骤 2：Lumen 光照项目设置。

单击右上角的"设置"按钮，进入"项目设置"对话框，选择"地图和模式"标签，在"项目 - 地图和模式"栏的"默认地图"选项区域里，将两个选项都改为 Map1，这是为了在以后每次打开 UE5 项目时都进入这个关卡地图，如图 2-27 所示。

图 2-27　设置项目 - 地图和模式

在"平台 -Windows"栏里找到"目标 RHT"选项区域，把默认 RHI 改为"DirectX 12"，再勾选 SM5、SM6 两个复选框（此设置用于提升 Lumen 光照效果），如图 2-28 所示。

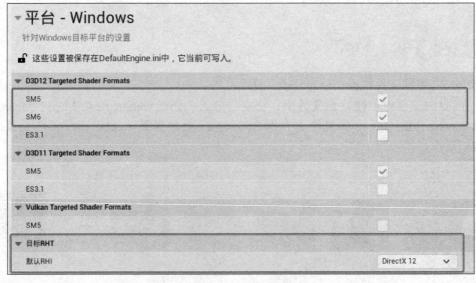

图 2-28　平台设置

在"引擎 - 渲染"栏里向下滑动找到 Global Illumination，确保以下设置和图 2-29 一样。

- "动态全局光照方法"和"反射方法"设置为 Lumen；
- "反射捕获分辨率"设置为 1024（2 的 n 次幂）；
- "软件光线追踪模式"设置为"细节追踪"；
- "阴影贴图方法"设置为"虚拟阴影贴图（测试版）"；
- 勾选"支持硬件光线追踪"复选框，改善阴影效果；

- 勾选"在可能时使用硬件光线追踪"复选框（若未勾选 Hardware Ray Tracing 选项区域中的"支持硬件光线追踪"复选框，则无法勾选该复选框）；
- "光线光照模式"设置为"表面缓存"；
- 勾选"光线追踪阴影"复选框。

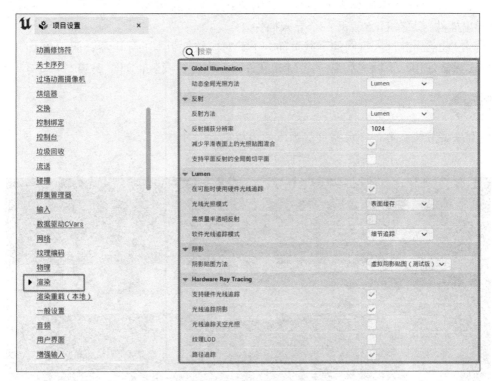

图 2-29　修改渲染设置

这些设置改变后，需要重新启动，项目会重新编译着色器。

 任务工单

请根据本任务所学，新建文件夹结构，对项目进行设置。

任务 2.4　在 3ds Max 和草图大师模型中导入 UE5

■ 任务描述

　　掌握下载、安装和使用 Datasmith 插件的方法，以及熟悉从 3ds Max 和草图大师两种软件中将模型导入 UE5 的过程。

步骤 1：在 3ds Max 上安装 Datasmith 插件。

要将 3ds Max 的模型导入 UE5，首先需要在 3ds Max 安装一个导出插件，并在 UE5 打开一个导入插件。

搜索 Datasmith 进入官网的下载页面，下载对应软件版本的导出器，低于 2016 版本的 3ds Max 无法使用。下载之后是一个 MSI 文件，双击运行安装，如图 2-30 ～图 2-32 所示。

注　意

如果要替换版本，一定要卸载原来的旧版本后，才能重新安装。

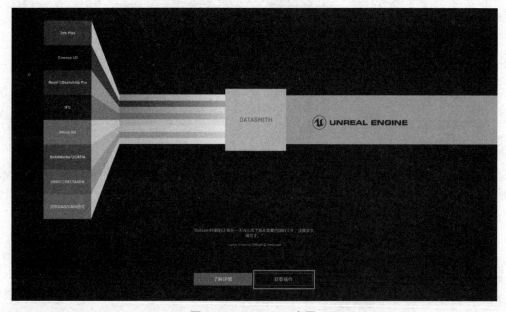

图 2-30　Datasmith 官网

图 2-31　3ds Max 导出器

图 2-32　MSI 安装图标

打开 3ds Max 软件，在屏幕左上角选择 Datasmith → File Export 命令，单击 Export 按钮就会以 UDATASMITH 格式导出文件，如图 2-33 和图 2-34 所示。

图 2-33　选择 Datasmith → File Export 命令

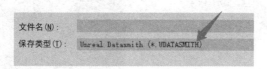

图 2-34　UDATASMITH 格式导出文件

步骤 2：在 UE5 中开启 Datasmith Importer 插件。

在 UE5 里也需要开启 Datasmith Importer 插件才能导入转化来的模型。这是 UE5 内置插件，不需要去下载。选择"编辑"→"插件"命令，搜索 Datasmith Importer 找到图 2-35 所示的插件，打上钩。激活插件需要重启 UE5，单击"立即重启"按钮，在弹出的窗口中选择保存项目。

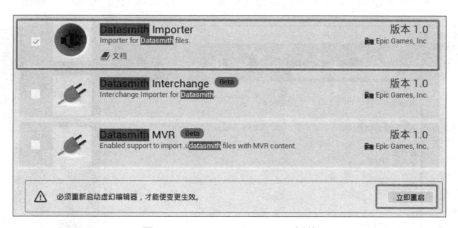

图 2-35　Datasmith Importer 插件

激活插件后，可以看到在"快速添加到项目"功能栏里出现了 Datasmith 导入功能，如图 2-36 所示。

图 2-36 Datasmith 导入功能

步骤 3：导出 UDATASMITH 格式模型并导入 UE5。

打开 3ds Max，选中模型，选择"文件"→"导出"→"导出选定对象"命令，打开"选择要导出的文件"对话框，如图 2-37 所示。单击"保存"按钮导出时，会有如图 2-38 所示的 Datasmith Export Options 对话框提示，单击 OK 按钮就完成导出了，如图 2-39 所示。

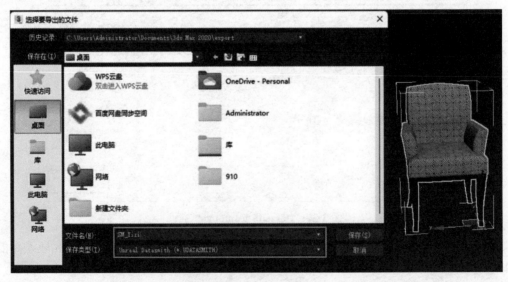

图 2-37 选择模型

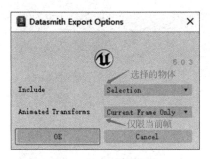

图 2-38　导出对话框

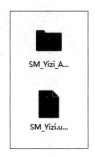

图 2-39　导出完成

在UE5 的资源管理器中新建一个文件夹，命名为3dsMax2023。单击"快速添加到项目"按钮，选择 Datasmith →"文件导入"命令，将后缀是 .udatasmith 的文件导入 3dsMax2023文件夹里。在导入选项里，仅勾选"几何体""材质和纹理"复选框，单击"导入"按钮，如图 2-40 ～图 2-43 所示。

图 2-40　文件导入

图 2-41　选择导入位置

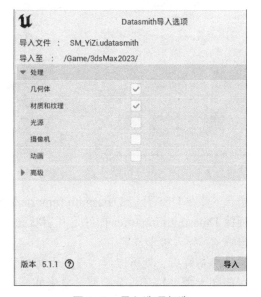

图 2-42　导入选项勾选

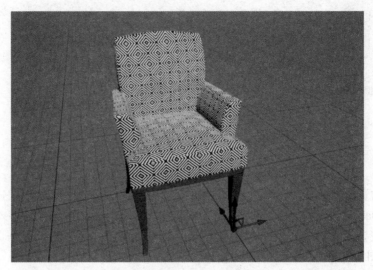

图 2-43　导入效果

步骤 4：在草图大师安装 Datasmith 插件。

要将草图大师模型导入 UE5，同样需要在草图大师安装一个导出插件，并开启 UE5 的导入插件。

搜索 Datasmith 进入官网的下载页面，下载对应软件版本的导出器（注意，草图大师低于 2019 版本无法使用）。如果要替换版本，一定要卸载原来的旧版本后，才能重新安装。安装过程同在 3ds Max 上的安装过程，如图 2-44 和图 2-45 所示。

安装完成后，打开草图大师，即可看到新增功能，如图 2-46 所示。

图 2-44　下载草图大师导出器　　　图 2-45　插件图标　　　图 2-46　草图大师中的新功能图标

步骤 5：在 UE5 开启 Datasmith Importer 插件。

确保 Datasmith Importer 插件是开启状态，如果没有，同任务 2.4 的步骤 2 操作。

步骤 6：导入模型。

插件准备好后，就可以导入草图大师模型了。

在草图大师里打开一个模型，单击插件中的"导出"按钮，会将模型导出为一个后缀是 .udatasmith 的文件和一个文件夹，如图 2-47 和图 2-48 所示。

图 2-47　草图大师导出文件

图 2-48　导出的文件

在 UE5 的资源管理器中新建一个文件夹，命名为 SU2023，如图 2-49 所示。选择"文件导入"命令，将刚才导出的后缀是 .udatasmith 的文件导入 SU2023 文件夹里，导入设置同步骤 3 中，如图 2-50 ～图 2-52 所示。

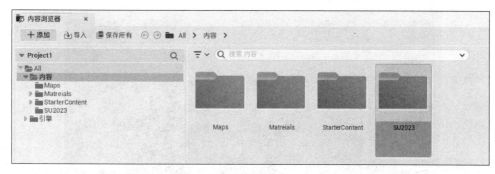

图 2-49　在资源管理器内新建文件夹

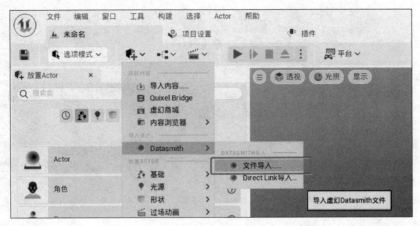

图 2-50　文件导入

图 2-51　导入 SU2023 文件夹

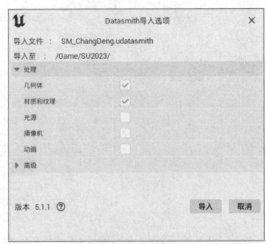

图 2-52　Datasmith 导入选项

文件导入完成，效果如图 2-53 所示。

图 2-53　导入完成效果

任务工单

　　扫码获取导入资源，根据本任务中所述的步骤，进行 3ds Max 和草图大师模型导入 UE5 的实践。

项目 2 的模型文件

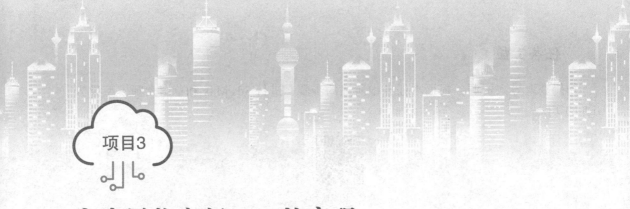

项目3

室内居住空间 VR 的实现
——3ds Max 资源导出和 UE5 资源导入

项目导读

家居空间是人们的起居、休息、生活区域，而家居空间的设计，是通过对色彩、造型、配饰等元素的搭配，来诠释对家的理解、对生活的态度。

UE5 最大的亮点是支持实时渲染的 Lumen，告别了漫长的渲染和无休止的修改，所见即所得。本项目将全流程介绍如何将主卧的场景由 3ds Max 导入 UE5，从模型开始一直到灯光后期的处理。

项目任务书

建议学时	10 学时
知识目标	• 了解 3ds Max 资源导出的技巧及方法； • 了解资源导入 UE5 的基本步骤； • 了解室内灯光布置的方法； • 了解物体材质的制作及调整方法； • 了解后期调节的方法及步骤
能力要求	• 能够在 UE5 中熟练操作 3ds Max 资源的导入与导出； • 能够根据项目的特点和需求，在 UE5 中布置灯光； • 能够根据项目中使用的材质，在 UE5 中进行调整制作； • 能够根据项目需求，对后期整体视觉效果进行调节
项目任务	• 3ds Max 资源导出（2 学时）； • UE5 资源导入（2 学时）； • 室内灯光布置（2 学时）； • 物体材质的制作（2 学时）； • 后期效果调节（2 学时）
学习方法	• 教师讲授、演示； • 学生练习、实践
学习环境与 工具材料	• 可联网的机房； • 计算机

任务 3.1 3ds Max 资源导出

■ 任务描述

在 3ds Max 中，首先清理无关的模型，再将模型整理分类，分到不同的层中，最后对其减面和优化，并导出为 UDATASMITH 格式。

知识准备

市面上多种建模软件的建模逻辑是不同的，看似完好的模型在导入 UE5 后往往会出现各种各样的问题，如材质、法线、光照贴图等方面的问题。也经常有一些没有用处的模型需要删除，所以要先在 **3ds Max** 里整理模型。

优化模型是为了节省计算机的算力，减少卡顿，提高运行帧速。通过降低模型面数的方法来减少消耗，那些不重要的模型不必太过精致。

任务实施

步骤 1：安装辅助插件。

"渲梦扮家家"插件可以对模型进行一些处理，如清理、塌陷、转换等。在浏览器中搜索渲梦工厂的官网，按提示即可下载进行安装，如图 3-1 所示。

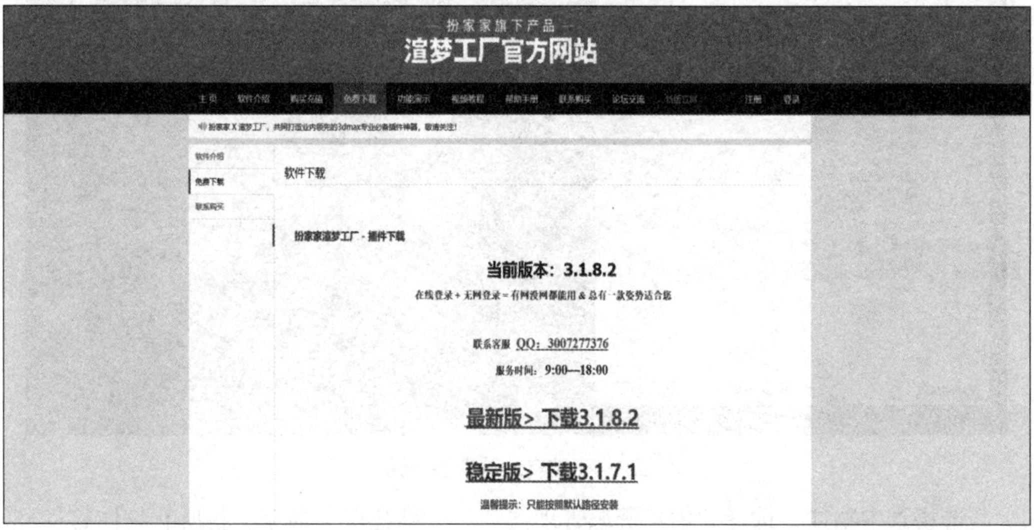

图 3-1　渲梦工厂官网

步骤 2：删除多余模型。

打开一个模型，如图 3-2 所示，先将多余的物体删除。

将观察视图切换到透视视图，将参考线等不需要的物体删除。删除多余物体后，效果如图 3-3 所示。

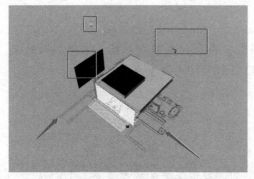

图 3-2 多余物体删除前

图 3-3 多余物体删除后

步骤 3：模型分层。

为了方便以后的制作与整理，加强对整个项目的资源管理，需要将模型在层资源管理器里分为不同的层，层资源管理器界面如图 3-4 所示。模型原本的层如果不符合项目资源的管理习惯，则需要重新分层整理。可以根据模型的特点分层，如分成吊顶、墙壁、家具等。

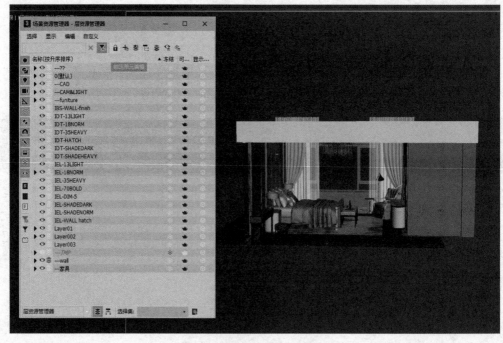

图 3-4 层资源管理器界面

全选场景中物体，选择"场景资源管理器"→"新建层"命令，将所有物体移动到新层，如图 3-5 所示。

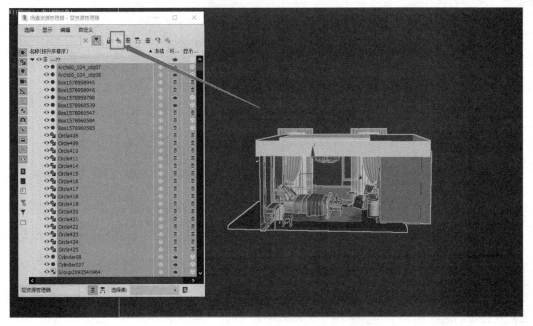

图 3-5 新建层

选中除新建层以外的所有层，右击，在弹出的快捷菜单中选择"删除层和所有子对象"命令，如图 3-6 所示。

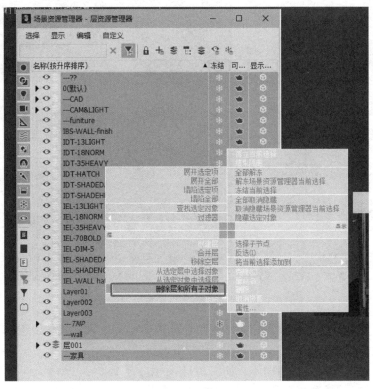

图 3-6 删除层和所有子对象

清除多余图层后，层资源管理器如图 3-7 所示。

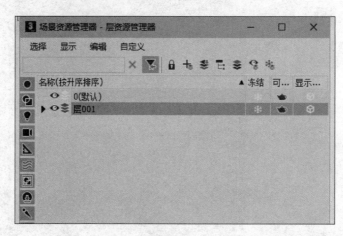

图 3-7　删除后的图层

选中吊顶的模型，选择"场景资源管理器"然后单击新建层按钮，将吊顶移动到新层，并且命名为"吊顶"层，如图 3-8 和图 3-9 所示。

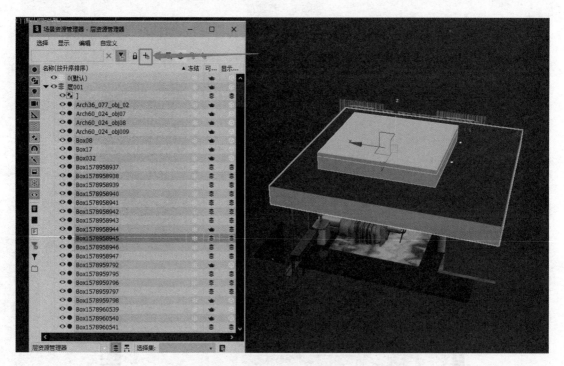

图 3-8　选取"吊顶"模型新建图层

将模型简单地分类，并放入相应的层里。如墙体模型放入"墙体"层，家具模型放入"家具"层，如图 3-10 所示。

分好层后删除多余的层和物体，如图 3-11 所示。

"0（默认）"层是系统默认层，无法删除，不影响工程，忽视即可，如图 3-12 所示。

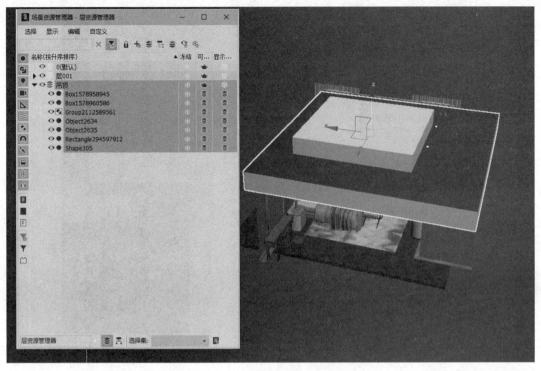

图 3-9 命名"吊顶"图层

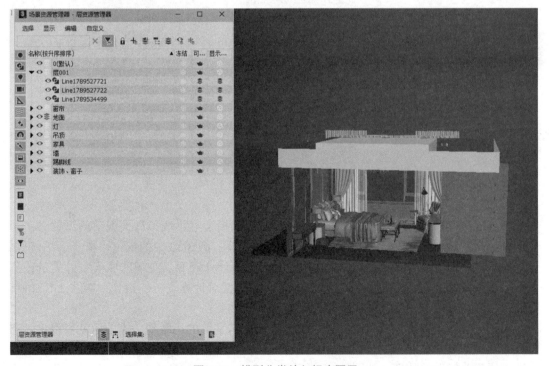

图 3-10 模型分类放入相应图层

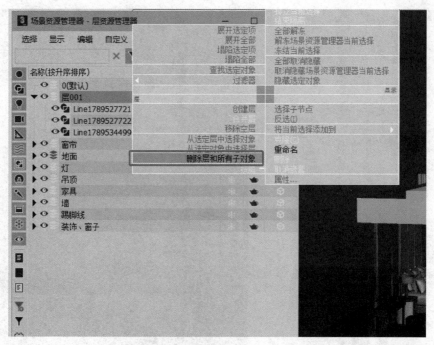

图 3-11　删除多余图层

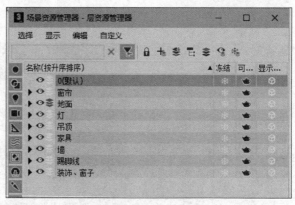

图 3-12　"0（默认）"图层

微课：场景模型整理

步骤 4：模型优化和整理。

在 3ds Max 中，按 F4 键可以让模型显示线条。模型显示线条后，观察模型线条的疏密，可以直观地看到哪些模型需要优化，哪些不需要。图 3-13 中的窗帘、椅子、吊灯等，这些模型的布线很密集，导入 UE5 中会占用大量的计算资源。在不破坏模型外表的前提下，尽可能地减少模型的点、线、面，可以降低模型对计算资源的消耗，减少 UE5 的计算遮挡，使计算机、UE5 及打包的软件运行更加流畅。

先来处理线条最密集的窗帘。可以单击其他层名字前的小眼睛，单击后就可以将该层包含的模型暂时隐藏起来，只留下要先修改的"窗帘"层，这样在视图中只会显示窗帘的模型，便于对模型的处理，如图 3-14 所示。

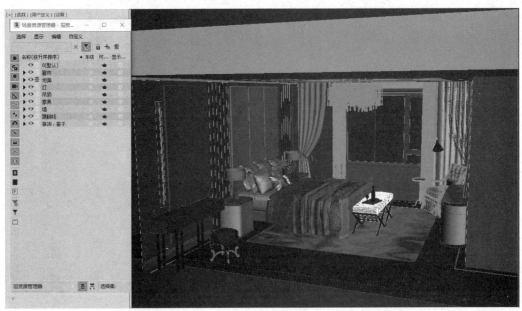

图 3-13

图 3-13　按 F4 键后显示的模型线条

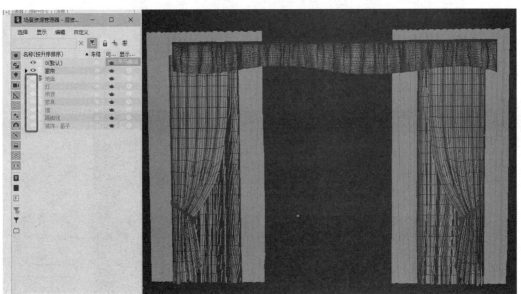

图 3-14

图 3-14　隐藏除窗帘外的其他图层

优化模型有两种方式，首先看一下第一种方式。

选中要优化的模型，在"修改"面板中选择"专业优化"命令，添加到修改器列表里，如图 3-15 和图 3-16 所示。

单击"计算"按钮，再在"顶点 %"文本框中输入优化的百分比，输入的是余下的值。如输入 40%，软件会优化掉 60% 的点线，留下 40% 的点线，如图 3-17 和图 3-18 所示。

图 3-15

图 3-15　专业优化

图 3-16　修改器列表

图 3-17

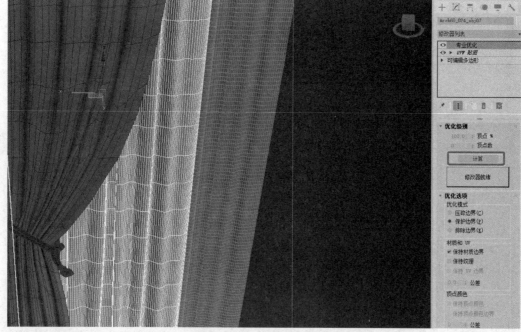

图 3-17　在"优化级别"面板中单击"计算"按钮

图 3-18

图 3-18 输入优化百分比

对比图 3-17 和图 3-18，可以看到使用软件自带的优化命令，虽然可以减少模型的点、线、面数量，但是会破坏模型的布线，影响后续做动画的效果，并且在一定程度上影响模型的外形。

使用渲梦工厂插件优化就不会有这种问题，需要用到第二种优化模型的方式，操作如下：选中要减面的模型，选择"模型"→"模型优化"命令，在"面数百分比"文本框中输入优化百分比，再单击"减面"按钮后面的"○（涡轮减面）"按钮，如图 3-19 所示。

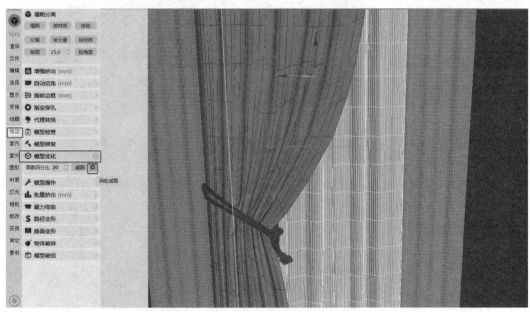

图 3-19

图 3-19 选择"模型"→"模型优化"命令

　　单击"确定"按钮，减少模型面数会有卡顿发生，这是插件在计算工作，此时不要操作软件，稍等即可，如图 3-20 所示。

图 3-20

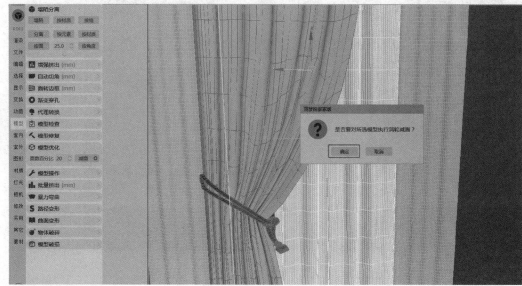

图 3-20　单击"确定"按钮

　　如图 3-21 所示，左边是优化过的窗帘，右边没有优化，可以看到优化过后的窗帘点线少了很多。因为窗帘是布料，不宜优化太多，场景里的其他模型按此方法优化即可。

图 3-21

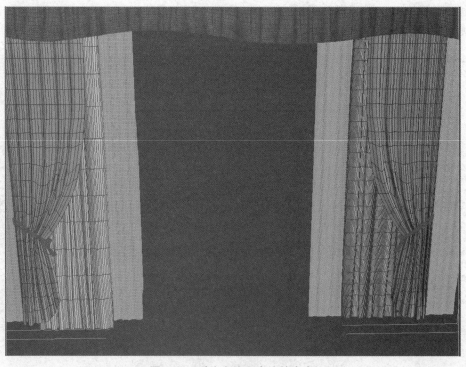

图 3-21　对比左边和右边的窗帘

接下来优化如图 3-22 所示的枕头。对于重复的物品模型，只需留下一个，其余的删除，如图 3-23 所示。将模型导入 UE5 后，再进行复制，复制完毕则无须重复将模型导入 UE5。

图 3-22　枕头原图

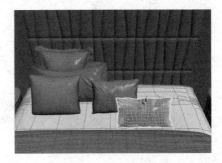

图 3-23　删除重复物品

对于一些细小且由不止一个物体构成的整体模型，要全部选中后塌陷为一个整体。否则导入 UE5 后模型就会变得很细碎，后续编辑修改十分麻烦，如图 3-24 所示。

图 3-24

图 3-24　细碎的物体塌陷成一个整体

步骤 5：检查模型比例和位置。

UE5 的单位默认为厘米。所以在将模型导出前的最后一步，要检查模型的比例是否正确。选择"自定义"→"单位设置"命令，打开"单位设置"对话框，如图 3-25 所示。将公制单位设置为"厘米"，单击"确定"按钮，如图 3-26 所示。

单位设置好后，创建一个类人比例的物体（高为 180cm、宽为 30cm、长为 60cm），对照一下场景里的模型，目测大小比例合适即可。如比例失调则视情况放大或者缩小模型，如图 3-27 所示。

虚幻引擎（Unreal Engine）技术案例教程

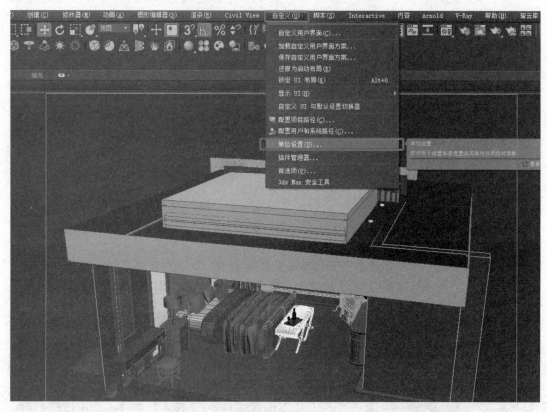

图 3-25　单位设置

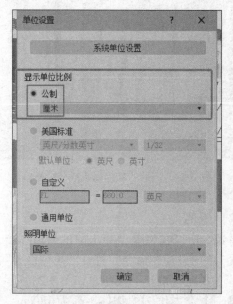

图 3-26　单位设置为"厘米"

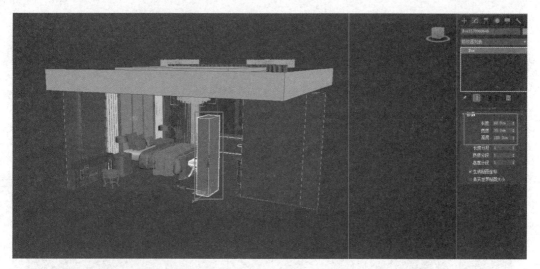

图 3-27　类人比例的立方体

选中作为参考创建的方块，将视图下方的坐标位置归零，单击空白位置取消选择方块，然后按 Z 键，如图 3-28 所示。

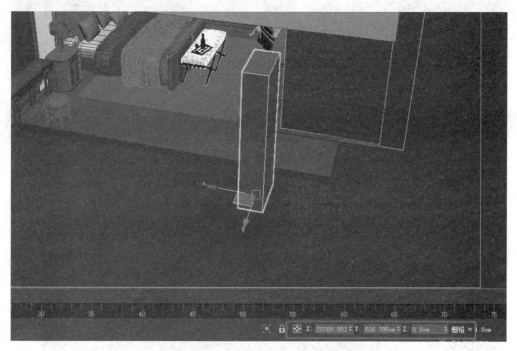

图 3-28　设置坐标值

如图 3-29 所示，参考方块的位置是（0，0，0），即为坐标原点，按 Z 键最大化显示模型即可看到模型和位于坐标原点的方块距离很远，这时要将模型移动到坐标原点附近，否则将模型导入 UE5 中，模型也会在 UE5 中的这个坐标位置。

全选模型，将模型移动到坐标原点，如图 3-30 所示。

原模型入口处缺了一面墙，遇到缺失的情况，需要另添加一面墙，如图 3-31 所示。

图 3-29

图 3-29　坐标位置与模型

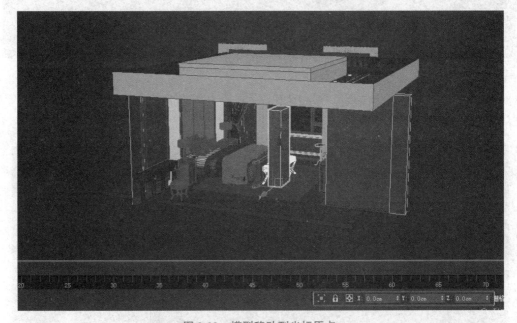

图 3-30　模型移动到坐标原点

图 3-31

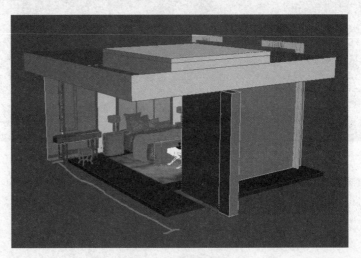

图 3-31　缺失的墙体

在"创建"面板的"对象类型"选项区域中单击"长方体"按钮，创建一个长方体，如图 3-32 所示。在"修改"面板中，将"参数"选项区域中的长度设置为 24cm，如图 3-33 所示。

图 3-32 添加墙体

图 3-33 墙体厚度设置

右击创建出来的模型，在弹出的快捷菜单中选择"转换为"→"转换为可编辑多边形"命令，将创建出来的长方体转换为可编辑的多边形，即可自由操作模型的点、线、面，如图 3-34 所示。

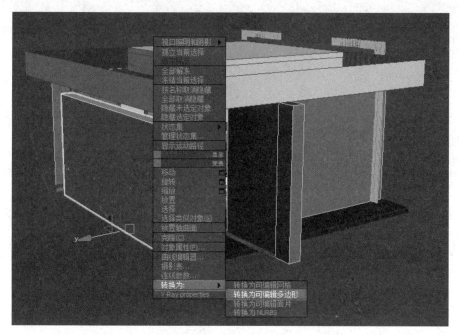

图 3-34 模型转换为可编辑多边形

控制点、线、面，将模型调整到合适的大小，如图 3-35 所示。

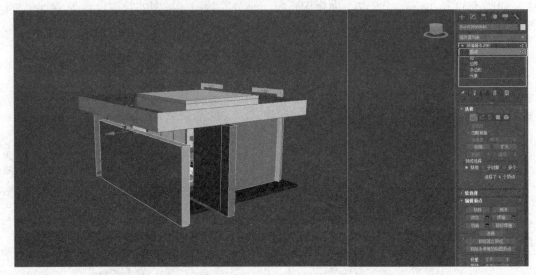

图 3-35 控制点、线、面

在修改器列表中选择"UVW 贴图"命令，展开长方体的 UV，如图 3-36 和图 3-37 所示。

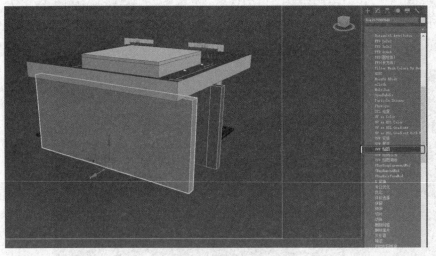

图 3-36 UVW 贴图

图 3-37 展开长方体的 UV

回到视图中，按 M 键弹出"材质"编辑器。使用吸管工具吸取原墙壁的材质，如图 3-38 和图 3-39 所示。

吸取到材质后，选择"将材质制定给选定对象"命令将材质赋予新墙，如图 3-40 所示。

选择"UVW 贴图"命令，在"参数"面板的"贴图"选项区域将长度、宽度、高度分别修改为 20cm、20cm、30cm，以便调整 UVW 的映射大小，使贴图适合模型，如图 3-41 和图 3-42 所示。

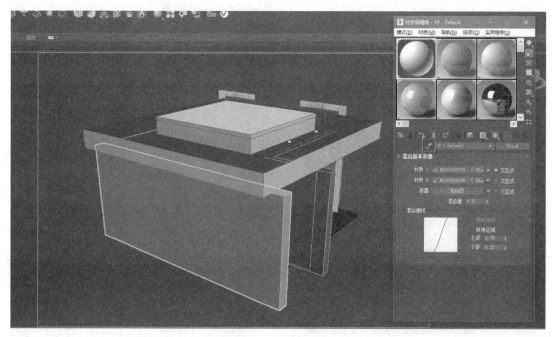

图 3-38　"材质"编辑器

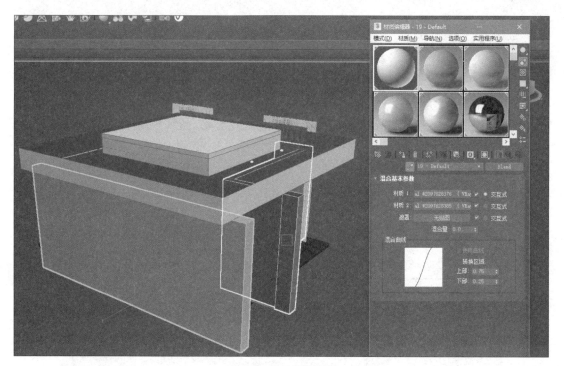

图 3-39　"吸管"工具

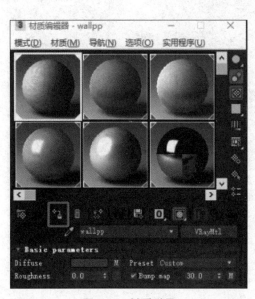

图 3-40　材质赋予

图 3-41　参数修改前

图 3-42　参数修改后

步骤 6：模型导出。

做好以上准备工作后，选择"文件"→"导出"→"导出"命令，打开"导出"对话框，如图 3-43 所示。

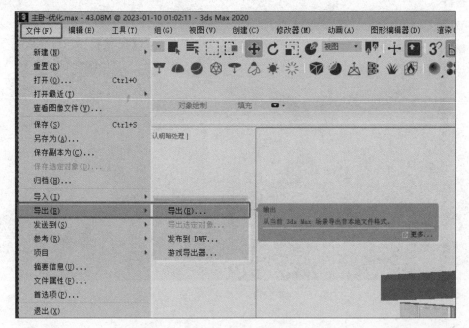

图 3-43　模型导出

在"文件名"文本框中输入新名称，单击"保存类型"一栏的下三角按钮，在下拉列表中选择 Unreal Datasmith（*.UDATASMITH）类型，单击"保存"按钮，如图 3-44 所示。

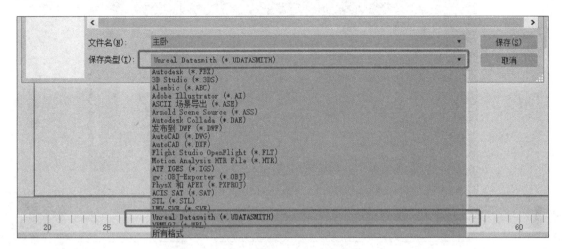

图 3-44　输入文件名

单击 OK 按钮，如图 3-45 所示。

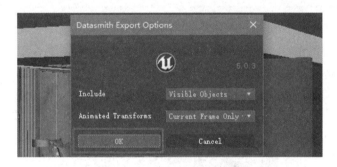

图 3-45　单击 OK 按钮

等待软件的进度条走完，如图 3-46 所示。

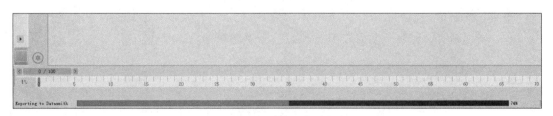

图 3-46　进度条

关闭消息框，模型导出完成，如图 3-47 所示。
导出的模型文件如图 3-48 所示。

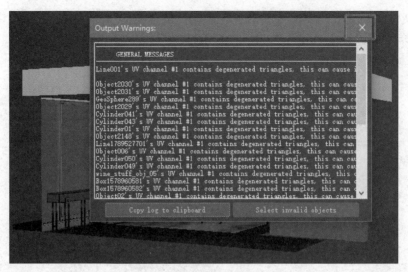

图 3-47　关闭消息框

图 3-48　导出的模型文件

 任务工单

扫码获取 3ds Max 模型资源，根据以上内容对模型进行整理和优化。

项目 3 的模型文件

任务 3.2　UE5 资源导入

 任务描述

新建项目，根据步骤将模型导入 UE5，整理场景。

知识准备

模型资产方面，支持 FBX、OBJ 等通用 3D 存储格式。

图片资产方面，支持 JPG、PNG、TGA、PSD、TIFF 等常用格式。

影像资产方面，支持 MP3、WAV、MP4、AVI 等格式。

由于之前在 3ds Max 中导出的模型格式是 Unreal Datasmith（*.udatasmith）类型（使用该格式可以将各种渲染器类型贴图材质直接导入 UE5 中。FBX、OBJ 格式的资产导入 UE5 只能识别默认类型的贴图材质，使用如 VRay、Arnold 等渲染器制作的材质 UE5 不能识别），该类型是 UE 引擎集成的一个插件，要将该格式的资产导入 UE5 中，需要在 UE5 中将该插件打开。

 任务实施

　　本任务将讲解资源导入 UE5 的基本方法和流程。

　　步骤 1：新建项目。

　　（1）启动 UE5 软件，创建一个新项目。选择"游戏"→"空白"命令。

　　（2）项目默认设置选择如图 3-49 所示的设置。

图 3-49　UE5 新建项目界面

　　（3）单击"项目位置"文本框后面的文件夹图标可以设置项目文件的位置。

　　（4）"项目名称"文本框可以设置项目名称。

　　进入 UE5 初始界面，如图 3-50 所示。可以选择"窗口"→"加载布局"→"UE4 经典布局"命令，将软件界面切换为 UE4 经典布局，如图 3-51 所示。

　　步骤 2：导入资产到 UE5。

　　在内容浏览器空白的地方右击，弹出快捷菜单。选择"导入到 /Game"命令，可以将资产导入 UE5 中，如图 3-52 和图 3-53 所示。

图 3-50

图 3-50　UE5 初始界面

图 3-51　切换 UE4 经典布局

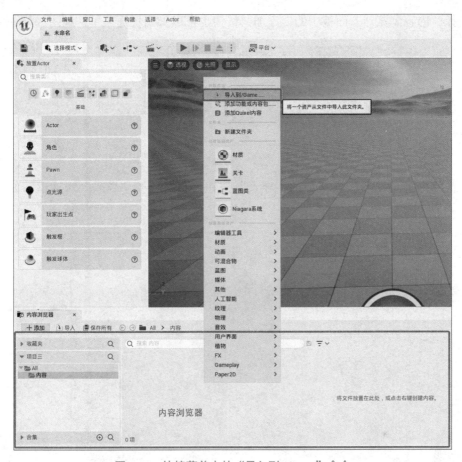

图 3-52　快捷菜单中的"导入到 /Game"命令

图 3-53　资产导入

选择"内容浏览器"面板中的"添加"按钮也可以弹出快捷菜单，如图 3-54 所示。

图 3-54 "添加"按钮

单击"内容浏览器"面板中的"导入"按钮，直接打开"导入"对话框，如图 3-55 和图 3-56 所示。

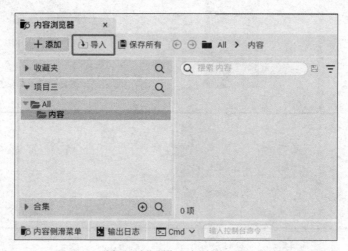

图 3-55 "内容浏览器"面板中的"导入"按钮

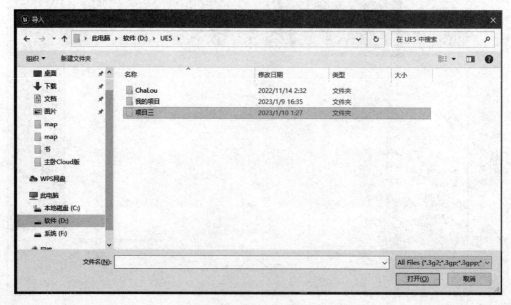

图 3-56 "导入"对话框

步骤 3：使用插件导入资产到 UE5。

选择"编辑"→"插件"命令，打开插件管理窗口，如图 3-57 所示。

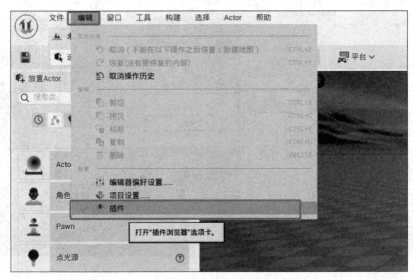

图 3-57　打开插件管理窗口

在插件管理窗口的搜索栏中输入 datasmith，选择 Datasmith Importer 命令，然后软件会提示重启 UE5 才能生效，单击"立即重启"按钮，如图 3-58 所示。

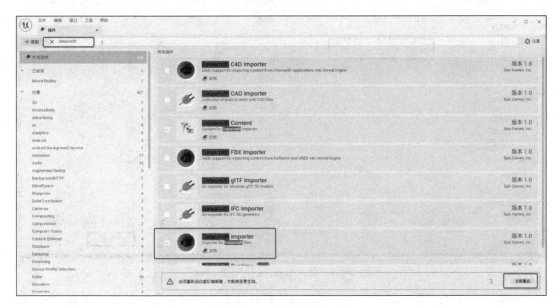

图 3-58　插件管理窗口

重启软件后关闭插件管理窗口，选择"快速添加到项目"→ Datasmith →"文件导入"命令，如图 3-59 所示。

在弹出的对话框中选择要导入的文件，再单击右下角的"打开"按钮，如图 3-60 所示。

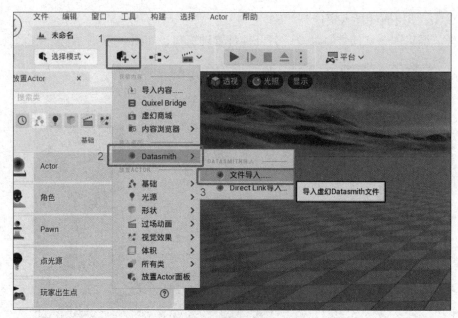

图 3-59 "文件导入"命令

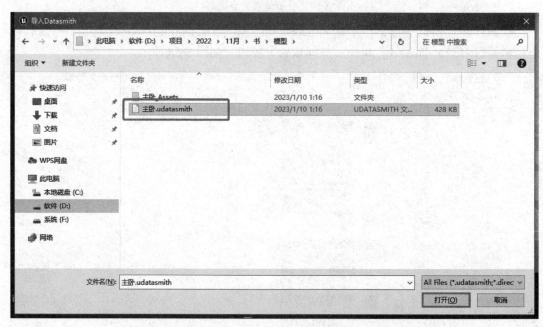

图 3-60 "导入 Datasmith"对话框

接下来会弹出"导入路径"对话框。即选择将导入的物体保存在 UE5 中的路径选项。在窗口空白地方右击即可新建文件夹，创建如图 3-61 所示的两个文件夹，单击"确定"按钮。

导入选项保持默认即可，单击"导入"按钮，等待导入完成，如图 3-62 所示。

导入 UE5 后的效果如图 3-63 所示。

图 3-61　"导入路径"对话框

图 3-62　导入选项

图 3-63

图 3-63　导入后界面

步骤 4：场景整理。

将模型导入 UE5 后，原本的场景存在很多并不需要的资产。因此需要整理场景。

在大纲视图中按住 Shift 键选中原本场景里的全部地形模型，按 Delete 键删除，如图 3-64 所示。

图 3-64　选择全部地形模型

重新打灯后，原本的灯光就不再需要，此时选中 ExponentialHeightFog、SkyAtmosphere、SM_SkySphere 和 VolumetricCloud 文件，按 Delete 键将其删除，只保留 DirectionalLight、SkyLight 文件，如图 3-65 所示。

图 3-65

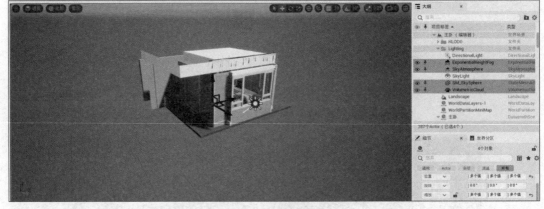

图 3-65　去掉原来的灯光

 任务工单

将任务 3.1 中的任务工单导出的 UDATASMITH 格式文件，按本任务的步骤导入 UE5，并对场景进行整理。

任务 3.3 室内灯光布置

■ 任务描述

　　打光之前需要进行准备，以便让打光效果达到最好的状态。本任务要求读者掌握在 UE5 里打光的技巧和方法，营造场景需要的灯光氛围。

 知识准备

微课：灯光基础

　　灯光分为以下几种。

1. 静态光源

　　UE5 的静态光照是在光照构建（build）中进行预计算的部分，会对预计算的光照结果进行存储，如光照贴图（LightMap）、阴影贴图这样的形式，可以在运行时以较低的效率而获得较好的光照结果。这些光源仅在光照贴图中计算，一旦处理完，就对性能没有进一步影响了。但是移动对象不能与静态光源集成，因此静态光源的用途是有限的，在运行时不会以任何方式改变或移动。

2. 固定光源

　　固定光源是保持位置固定不变的光源，但可以改变光源的亮度和颜色等，这是与静态光源的主要不同之处（静态光源在 gameplay 期间不会改变）。如果要在运行时更改亮度，它仅影响直接光照，间接（反射）光照不会改变，因为它是在光照系统（lightmass）中预先计算的。所有间接光照和来自固定光源的阴影都存储在光照贴图中，直接阴影存储在阴影贴图中。这些光源使用距离场阴影，这意味着，即使有光照对象上的光照贴图分辨率相当低，它们的阴影也将保持清晰。

　　固定光源在同一个被覆盖区域中只能有 4 个，当超过这个数目时，范围最小的那个固定光源会被转化为动态光源。

3. 动态光源

　　动态光源将投射完全动态的光照和阴影，可修改位置、旋转、颜色、亮度、衰减半径等所有属性。其产生的光照不会被烘焙到光照贴图中，但是也无法产生间接光照。直接光照可以动态渲染，直接阴影有全场景动态阴影，但没有间接光照和间接阴影。

　　将三种光源的可移动性属性进行比较，如表 3-1 所示。

表 3-1　灯光的可移动性比较

比较维度	静态光源	固定光源	动态光源
光的位置	不可变	不可变	可变
光的颜色	不可变	可变	可变
光的强度	不可变	可变	可变
光的其他属性	不可变	可变	可变

任务实施

步骤 1：场景处理。

场景模型有很明显的漏光，室内的地面也有空隙。因此需要首先处理类似模型方面的问题。

因为是室内的模型，只观察室内的情况，所以需要用立方体将房间围住，如图 3-66 和图 3-67 所示。

图 3-66

图 3-66　漏光情况 1

图 3-67

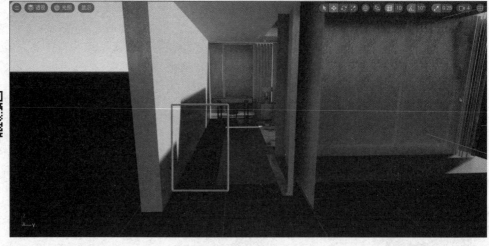

图 3-67　漏光情况 2

在"放置 Actor"面板中单击"形状"按钮，然后选择"立方体"命令创建一个立方体，如图 3-68 和图 3-69 所示。

调整立方体的位置和大小。让创建出来的立方体块像墙体一样能够完全遮住房间的一面，如图 3-70 所示。

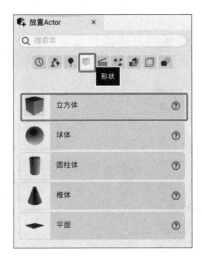

图 3-68 "放置 Actor" 面板

图 3-69 创建一个立方体

按住 Alt 键拖动该长方体，复制 3 个，放置在立面及顶部，使其封住房间，仅留窗口那面墙，如图 3-71 所示。

图 3-70 调整立方体的位置和大小

图 3-71 长方体围住房间

选中地板模型，按住 Alt 键拖动复制一个地板模型，将缺失的地板补上，堵上漏光的位置，即可解决房间漏光的问题，如图 3-72 所示。

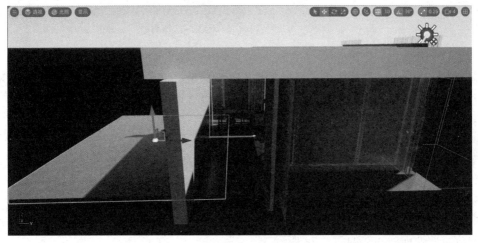

图 3-72 复制地板模型

步骤 2：项目设置。

选择"编辑"→"项目设置"命令，打开"项目设置"对话框，找到"引擎 – 渲染"栏，如图 3-73 和图 3-74 所示。渲染设置和默认设置如图 3-75 和图 3-76 所示，具体如下。

（1）将"动态全局光照方法"和"反射方法"设置为 Lumen。

（2）将"反射捕获分辨率"设置为 1024。

（3）勾选"在可能时使用硬件光线追踪"复选框（在勾选该复选框前要先勾选 Hardware Ray Tracing 选项区域中的"支持硬件光线追踪"复选框，不然无法勾选该复选框）。

（4）将"阴影 – 阴影贴图方法"设置为"虚拟阴影贴图"。

（5）勾选"Hardware Ray Tracing – 光线追踪阴影"复选框。

（6）勾选"默认设置"选项区域的"环境光遮挡"复选框。

（7）取消勾选"自动曝光"复选框。

图 3-73 选择"编辑"→"项目
设置"命令

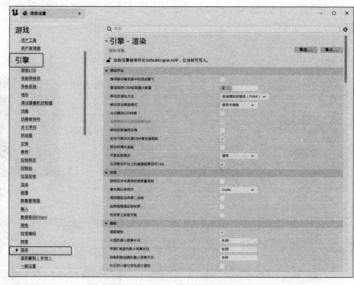

图 3-74 "引擎 – 渲染"栏

在"平台 -Windows"栏中的"目标 RHT"选项区域，将"默认 RHI"设置为 DirectX 12，勾选 DirectX 11 & 12（SM5）复选框，如图 3-77 所示。

步骤 3："后期处理体积"的创建设置。

PostProcessVolume（后期处理体积）是 UE5 非常强大的一个后期处理效果，可以调节画面的色彩、摄像机的景深、视频的输出效果、环境的光线构造和电影级的氛围感。

在这一步使用后期处理体积是为了调节曝光度。

单击"快速添加到项目"功能，在下拉列表中选择"视觉效果"→ PostProcessVolume 命令创建后期处理体积，如图 3-78 所示。

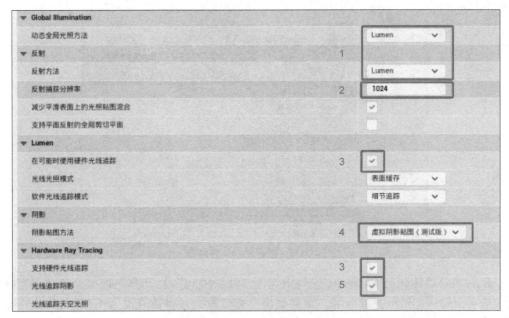

图 3-75　渲染设置界面

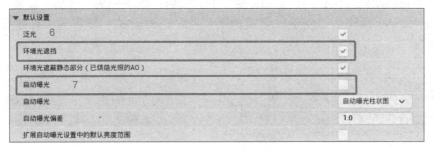

图 3-76　默认设置界面

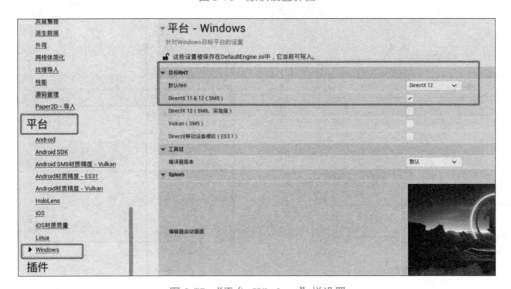

图 3-77　"平台 -Windows"栏设置

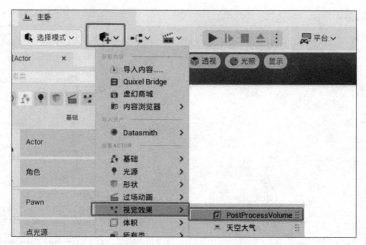

图 3-78　创建后期处理体积

在后期处理体积的 Exposure 模块中勾选"计量模式"复选框，选择"自动曝光柱状图"选项，勾选"最低亮度"和"最高亮度"复选框，并将数值设为 1。这样曝光指数是恒定的，镜头和场景切换时画面不会自动调整明暗，如图 3-79 所示。

接下来将后期处理体积的"全局光照"和"反射"模块中的"方法"设置为 Lumen。Lumen Reflections 模块中"质量"设置为 1，"光线光照模式"设置为"表面缓存"，如图 3-80 所示。

图 3-79　后期处理体积设定

图 3-80　设置光线模式

步骤 4：布置灯光。

（1）聚光灯的布置。

布置灯光的基本原则就是在场景中光源（太阳、灯泡等）的位置打灯，模拟真实的光源发光效果。首先来学习打吊灯上的射灯光，根据吊顶上的灯光数量布置相同数量的聚光灯，如图 3-81 所示。

图 3-81　布置光源位置

选择"放置 Actor"面板中的"光源"→"聚光源"命令，如图 3-82 所示，按住鼠标左键拖动至视图窗口，可以创建出一盏聚光灯。

图 3-82　创建聚光灯光源

调整聚光灯的位置，将聚光灯放在灯模型的下方，再调整一下聚光灯的参数，如图 3-83 和图 3-84 所示。

按住 Alt 键拖动灯光，复制 3 盏灯光将其放在灯模型的下方，如图 3-85 所示。选中 4 盏灯光，按住 Alt 键拖动，复制出 4 盏新的灯光，将复制出来的灯光放在吊灯另一边的"灯"模型。

图 3-83　聚光灯对齐模型位置

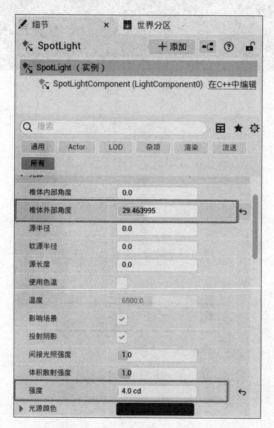

图 3-84　调整灯光参数

可以观察到在被复制出来的新灯光中，有的灯光旁边有一个小叉号的图标，这是因为在被覆盖的区域中，"固定"灯光的数量是有限制的，如图 3-86 所示。

选中所有的聚光灯，在它们的"细节"面板中将"可移动性"设置为"静态"即可解决问题，如图 3-87 所示。

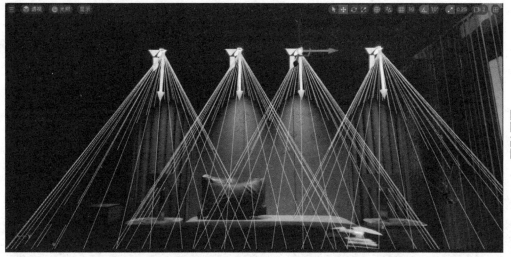

图 3-85　复制灯光并对齐"灯"模型

图 3-86　有小叉号图标的灯光

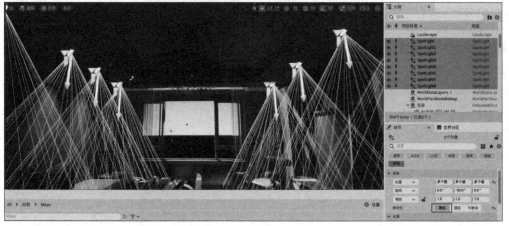

图 3-87　设置"静态"光源

（2）台灯的布置。

灯光管理。选中创建的灯光，单击图 3-88 内框选的按钮，可以新建一个文件夹并将选中的灯光移动到该文件夹内。将创建的灯光移动到一个文件夹内，便于灯光的管理，如图 3-89 所示。

图 3-88　选中灯光

图 3-89　创建 light 文件夹

创建一盏点光源，将点光源的位置放在台灯模型中间，摆放好后调整灯光的参数（灯光的数据并不是固定的，根据实际情况而定），模拟真实的台灯灯光，如图 3-90 和图 3-91所示。

图 3-90　创建点光源

（3）吊灯的布置。

再创建一盏点光源，将它移动到场景中吊灯的位置，并调整参数，如图 3-92 和图 3-93所示。

（4）补光操作。

这个灯光设置好后，场景中所有光源都已经有设置的灯光了，但场景中如图 3-94 所示的区域还是比较黑暗，这时就需要补光了。

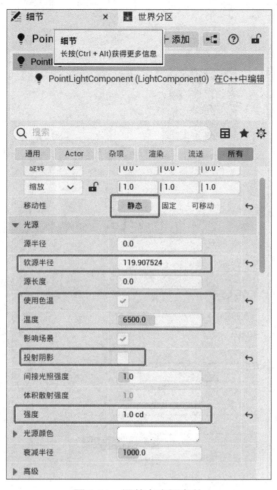

图 3-91　调整点光源参数

图 3-92　创建点光源放置在吊灯位置

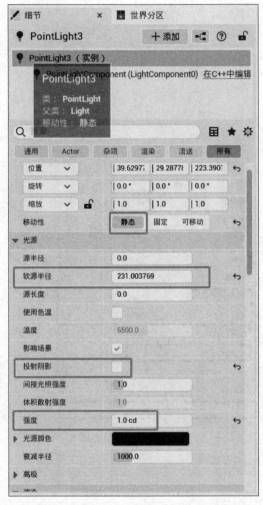

图 3-93　调整吊灯参数

图 3-94　需要补光的较黑区域

创建一个矩形光源，如图 3-95 所示。调整矩形灯光的大小和位置，将它对向场景中较黑的地方，如图 3-96 所示。

图 3-95　创建矩形光源

图 3-96　矩形光源放置的位置

矩形光源参数的调整如图 3-97 所示。

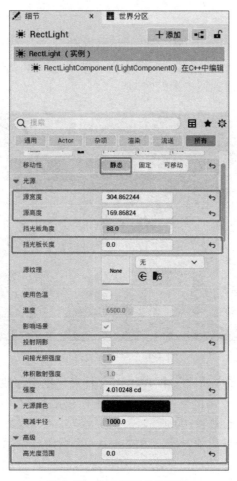

图 3-97　调整矩形光源参数

至此为止灯光的布置便完成了。

任务工单

根据本任务所述的步骤，对室内模型进行打光。

任务 3.4 物体材质的制作

■ **任务描述**

认识材质编辑器，学会打开和修改材质编辑器，找回模型丢失的贴图。

任务实施

本任务将完成如何在 UE5 中制作不同的物体材质。

当模型导入 UE5 中，会出现材质贴图丢失的现象，如图 3-98 中框选处有材质贴图丢失的情况，接下来学习如何找回丢失的贴图。

图 3-98　贴图丢失部位

步骤 1：在内容浏览器中新建一个 Texture 文件夹，用来存放贴图，如图 3-99 所示。用 3ds Max 软件打开原来的场景模型，选中柜子的模型，选择"组"→"打开"命令，完全打开柜子的组，如图 3-100 所示。

步骤 2：按 M 键打开材质编辑器，随机选中一个材质球，用"吸管"工具选取柜子的模型，即可找到柜子模型材质球，单击 Diffuse 文本框后面的 M 图标进入贴图管理界面，如图 3-101 和图 3-102 所示。

图 3-99　新建 Texture 文件夹

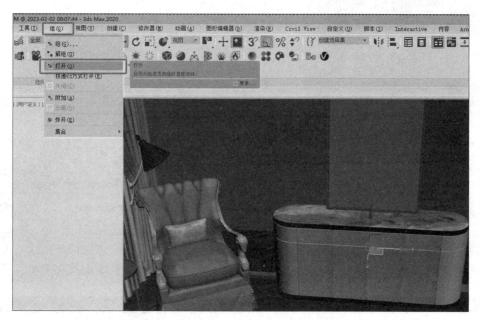

图 3-100　打开柜子的组

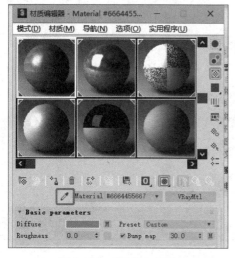

图 3-101　"吸管"工具

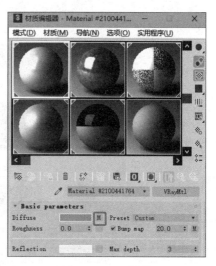

图 3-102　M 图标

在"位图参数"选项区域可以看到该贴图在计算机中存放的位置，如图 3-103 所示。

在 UE5 刚刚创建的贴图文件夹中，右击空白位置，选择"导入 /Game/Material/Texture"命令，根据在 3ds Max 中创建的贴图路径，将该贴图导入 UE5 中，如图 3-104 ～图 3-106 所示。

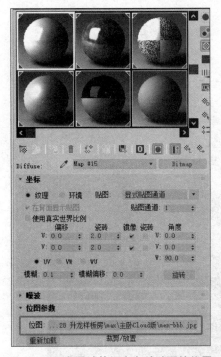

图 3-103　查看计算机中存放贴图的位置

图 3-104　右击空白位置弹出的快捷菜单

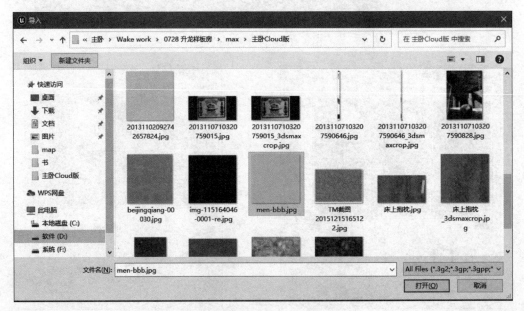

图 3-105　贴图路径

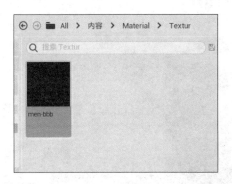

图 3-106 导入贴图

步骤 3： 在 UE5 中，选中柜子模型中丢失材质的部分，在"细节"面板的"材质"选项区域中，单击如图 3-107 所示线框中的按钮，即可跳转到该材质存放的位置。

图 3-107 单击"跳转到材质存放位置"按钮

双击该材质球，打开材质编辑面板，如图 3-108 所示。在材质编辑面板中，勾选 Diffuse 复选框，如图 3-109 所示。选中导入的材质贴图，如图 3-110 所示。单击如图 3-111 所示框选的按钮，就可以将材质贴图替换为图 3-110 中选中的材质。

在预览窗口，可以看到柜子的贴图已经正常。其他丢失的材质也按同样的方法找回，如图 3-112 所示。

图 3-108　材质编辑面板

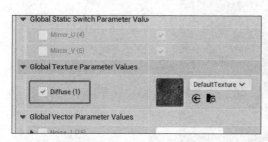

图 3-109　勾选 Diffuse 复选框

图 3-110　材质贴图

图 3-112

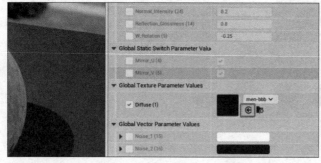

图 3-111　替换材质贴图

图 3-112　找回贴图的柜子

 任务工单

根据本任务中所述的步骤，将丢失的材质贴图找回来。

任务 3.5　后期效果调节

■ 任务描述

在布置灯光时，曾创建了一个"后期处理体积"盒子，用于调节灯光和曝光参数。本任务将完成如何使用"后期处理体积"盒子调节后期效果。

任务实施

步骤 1： 设置"后期处理体积"盒子范围。

选中"后期处理体积"盒子，在"细节"面板的"后期处理体积设置"选项区域中，勾选"无限范围（未限定）"复选框，这样可以使后期盒子的范围无限大，让其影响整个场景，如图 3-113 所示。

步骤 2： 设置辉光效果。

勾选"镜头"模块下 Bloom 选项区域中的"方法"和"强度"复选框，略微调整一下"强度"值，使场景有轻微辉光效果，如图 3-114 所示。

图 3-113　"细节"面板中勾选"无限范围
（未限定）"复选框

图 3-114　修改 Bloom 值

77

调整前后对比如图 3-115 和图 3-116 所示。

图 3-115

图 3-115　设置辉光效果前

图 3-116

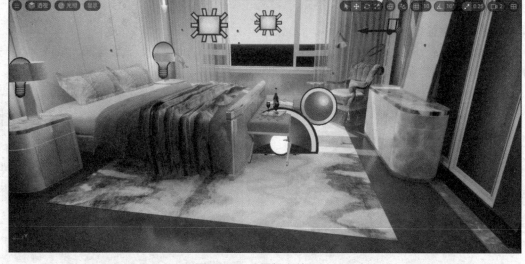

图 3-116　设置辉光效果后

步骤 3：调整镜头光圈。

勾选"细节"面板的 Local Exposure 选项区域中的"对比度缩放"和"细节强度"复选框，略微调整一下"细节强度"值，使场景对比加深，如图 3-117 所示。

调整前后对比如图 3-118 和图 3-119 所示。

步骤 4：调整色温。

勾选"颜色分级"模块下 Temperature 选项区域中的"色温类型"和"色温"复选框，将"色温类型"调整为"色温"，调整"色温"值。

色温值默认为 6500，灯光大于 6500 的，越大越冷（偏白蓝）；灯光小于 6500 的，越小越暖（偏红黄），如图 3-120 和图 3-121 所示。

图 3-117 调整细节强度值

图 3-118

图 3-118 调整镜头光圈前

图 3-119

图 3-119 调整镜头光圈后

图 3-120　调色温

图 3-121

图 3-121　调整后的效果

步骤 5：整体调整。

勾选"颜色分级"模块下 Global 选项区域中的"增益"复选框，调整如图 3-122 所示的数值，使整个场景再亮一点（打的太阳光是斜射进来，时间为中午，所以整个场景要亮一点）。该值默认为 1，调整该数值可以控制整个画面的亮度，数值越大越亮，数值越小越暗。

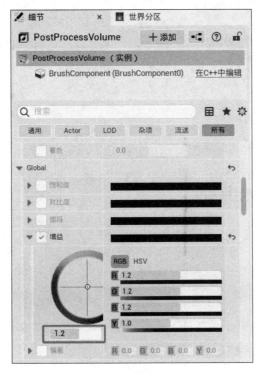

图 3-122 整体调整

 任务工单

根据本任务中所述的步骤，尝试使用"后期处理体积"盒子调节后期效果。

项目4

金茂新中式咖啡吧
——蓝图可视化编程和 Sequencer 过场动画制作

项目导读

近年来，新中式咖啡吧备受年轻人喜爱。新中式咖啡吧是指融合了中国传统文化元素和现代简约设计风格的咖啡吧。新中式咖啡吧通常以中式风格为设计主线，运用中式元素和现代材质的结合，表现出中国文化的传统神韵和现代简约的时尚感。新中式咖啡吧的装修和设计通常注重空间的层次感和通透感，以及细节的处理，如运用中式隔断、屏风、木格栅、灯笼等传统元素与现代设计结合，创造出独特的空间感。

项目使用 UE5 的灯光模拟中式建筑的灯光效果，并重点介绍关卡序列 Sequencer 功能的使用，从制作位移动画到可视化蓝图编辑，完整地制作一个可交互的开关窗动画。

项目任务书

建议学时	12 学时
知识目标	• 使用 FBX 文件导入 UE5 的基本流程； • 3ds Max 资源处理场景创建与设置； • 室内灯光布置与构建； • 木纹、自发光材质制作； • Sequencer 动画系统； • 后期效果调节
能力要求	• 能够在 UE5 中熟练操作 3ds Max 资源的导入与导出； • 能够发现和解决模型在导入时出现的问题； • 能够根据项目的特点和需求，在 UE5 中布置灯光； • 能够根据项目中使用的材质，在 UE5 中进行调整制作； • 能够熟练使用 Sequencer 编辑器制作过场动画； • 能够根据项目需求，对后期整体视觉效果进行调节

续表

项目任务	• 模型在 3ds Max 中的处理与 FBX 格式导出（2 学时）； • 模型导入 UE5（2 学时）； • 室内灯光的布置（2 学时）； • 物体材质的制作（2 学时）； • 使用 Sequencer 制作开关窗过场动画（2 学时）； • 后期效果调节（2 学时）
学习方法	• 教师讲授、演示； • 学生练习、实践
学习环境与 工具材料	• 可联网的机房； • 计算机； • VR 设备（PC 款或一体机），可分组使用一套设备

任务 4.1　模型在 3ds Max 中的处理与 FBX 格式导出

■ 任务描述

在 3ds Max 中，对模型进行优化，并导出为 FBX 格式。

知识准备

　　FBX 格式是一种通用的模型格式，广泛地应用于各个建模软件。其弊端是模型在经过 FBX 的转化后，只能保留一张基础的漫反射贴图，保存不了金属度和漫反射等参数。由于 FBX 材质模型的严格限制，3D 模型上的大多数材质通过 FBX 格式在传输后必须重做。

任务实施

　　步骤 1：清理模型。

　　在 3ds Max 中打开咖啡吧模型，单击视图左上角的 camera 按钮，切换视图为透视视图，如图 4-1 所示。

　　全选模型，将模型全部解组。右击将模型转换为可编辑网格。单击"清理所选"按钮，删去多余的空物体，以及场景外不需要的模型，如图 4-2 所示。

微课：模型
处理与导出

图 4-1　透视视图

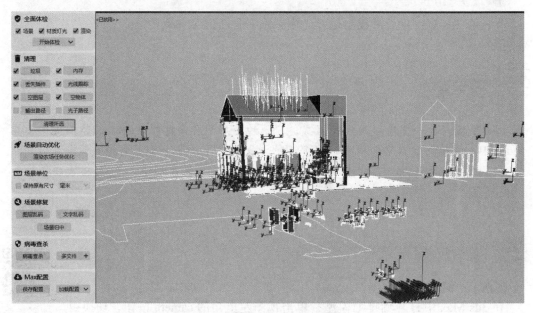

图 4-2　场景外不需要的模型

步骤 2：模型分层。

为了方便后期的制作，在 3ds Max 中，对模型进行图层化管理，打开"层资源管理器"对话框，对所有模型按类型分层，例如，可分为地板、屋顶、柜台、墙壁等，如图 4-3 所示。

图 4-3　层资源管理器

步骤 3：优化模型。

优化模型指的是"减面"和"塌陷"两个操作，这是为了减少模型在计算机渲染时占用的算力资源。按数字键盘的 7 键可以看见当前模型的面数，如图 4-4 所示。

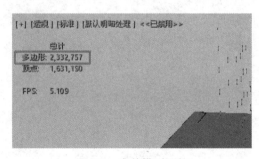

图 4-4　当前模型面数

对于重复的物品模型，建议只留下一个，其余的删除。在导入 UE5 后再将模型实例复制出来。

（1）减面操作。

选中面数多的模型，在"修改"面板中添加"专业优化"修改器，勾选"保持纹理"和"保持 UV 边界"复选框，单击"计算"按钮，通过修改顶点的百分比来减少面。在统计信息里可以看出减面前后差别。注意，减面要适当，不要出现破面，如图 4-5 和图 4-6 所示。

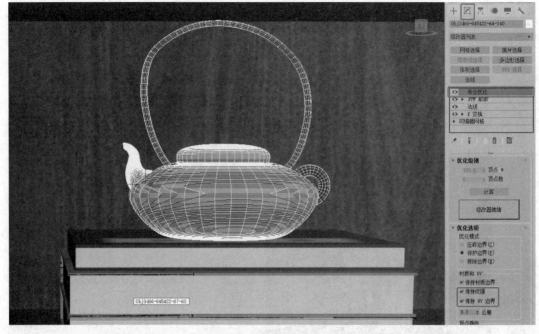

图 4-5 "专业优化"修改器

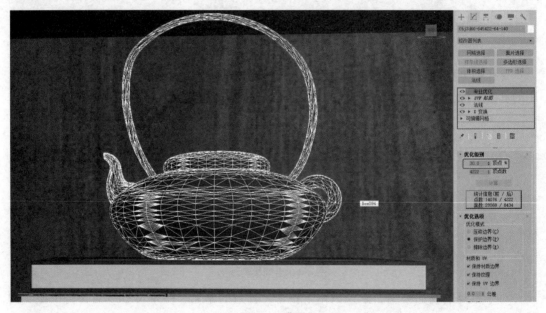

图 4-6 减面

（2）塌陷操作。

塌陷操作针对的是体积小、数量多的模型，过多的模型会降低 UE5 的加载速度，将这些细碎的模型塌陷为一个整体。塌陷的模型不宜过大，否则会影响到光照 UV 的分辨率。例如，柜台木架上的书本茶壶模型，就可以将模型每一摞单独塌陷为一个整体，如图 4-7 所示。

图 4-7　塌陷

步骤 4：调整法线。

全选模型，在视图窗口右击，在弹出的快捷菜单中选择"对象属性"命令，如图 4-8 所示。打开"对象属性"对话框，在"显示属性"选项区域中先将方框中的选项设置成"按对象"，再勾选"背面消隐"和"仅边"复选框，单击"确定"按钮，如图 4-9 所示。这样法线反向的面就会呈现透明状态，方便查找和修改。

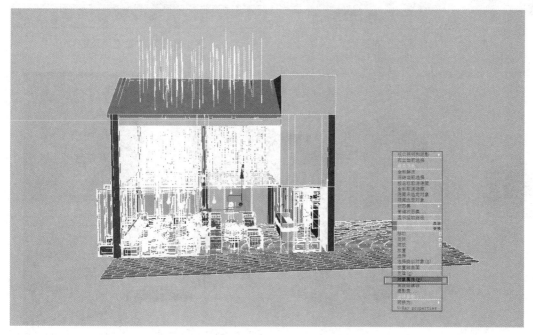

图 4-8　"对象属性"命令

除此之外，缩放的数值为负数的模型，如图 4-10 所示，在 3ds Max 里看是没问题的，但导入 UE5 后却会形成反向的面。为此只需将模型全选，在"实用程序"选项区域中选择"重置变换"命令，然后在"重置变换"选项区域中选择"重置选定内容"命令，再右击模型，在弹出的窗口中选择"转换为"→"转化为可编辑网格"命令，如图 4-11 所示。这样，所有反向的面就都暴露出来了，因为使用重置变换的本质是将缩放的数值变为默认的 100，正数的模型不变，负数的模型会变成反面。

图 4-9 "对象属性"对话框

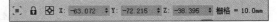

图 4-10 缩放数值为负数

图 4-11

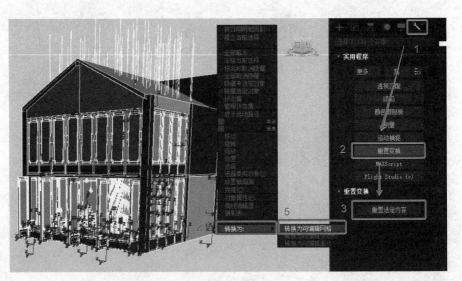

图 4-11 重置变换

如图 4-12 所示就是面反向的模型，对于这些模型，可以通过修改法线的方式来改正。选中壶身，选择"修改"面板中的"修改器列表"→"法线"命令，通过选择参数里的"翻转法线"和"统一法线"选项来修改，如图 4-13 所示。这样只需复选有问题的模型，统一添加法线命令，就可以高效地处理问题。

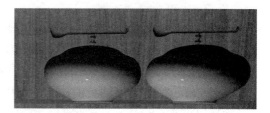

图 4-12 面反向的模型

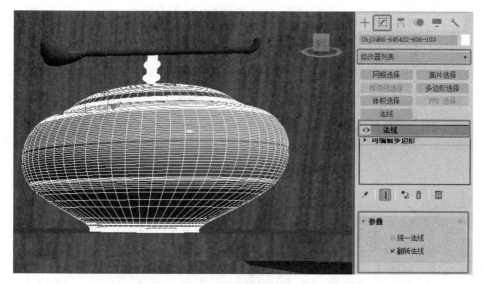

图 4-13 法线修改参数

为了方便，可以把"法线"按钮添加到快捷工具栏中。单击"修改"面板右下角的"配置修改器集"按钮，在弹出的"配置修改器集"对话框中找到"法线"选项，拖曳替换到右边的方框中，如图 4-14 和图 4-15 所示。

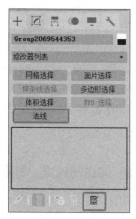

图 4-14 "配置修改器集"按钮

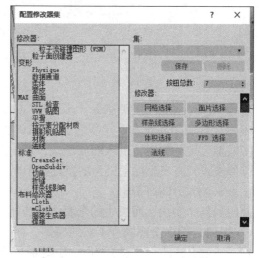

图 4-15 "配置修改器集"对话框

步骤 5: 更改模型比例。

UE5 默认的单位为厘米，如果是毫米，导入模型后体积将相差千倍，因此需将 3ds Max 单位改为厘米，场景的物体比例要和现实世界保持一致。

如图 4-16 所示，在菜单栏中选择"自定义"→"单位设置"命令，打开"单位设置"对话框，在"显示单位比例"选项区域中将"公制"设为"厘米"，如图 4-17 所示。单击"系统单位设置"按钮，在弹出的"系统单位设置"对话框中把"系统单位比例"的单位设为"厘米"，最后单击"确定"按钮，如图 4-18 所示。

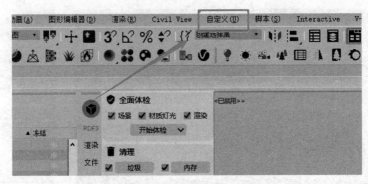

图 4-16 "自定义"命令

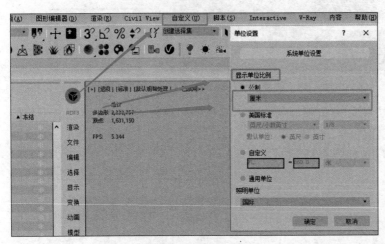

图 4-17 单位设置

图 4-18 系统单位设置

修改完毕，在旁边创建一个长方体，以便检查比例是否正确，如图 4-19 所示，30 米高一层楼肯定不正常，模型缩小到 1/10 才是正常大小。

将模型全选并打组，进入缩放模式，将如图 4-20 所示的数值从 100 改为 10。按 W 键进入位移模式，右击坐标把模型的位置归于原点，将模型解组。

步骤 6: 修复 UV 贴图。

使用插件"实用"面板中的全面体检功能检查有无丢失 UV 贴图的模型，如果有单击"解决"按钮，选中全部缺少 UV 的模型，在"修改"面板中统一添加一个"UVW 贴图"修改器，映射方式改为"长方体"，如图 4-21 所示。

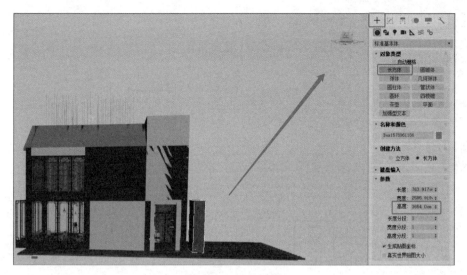

图 4-19 验证比例

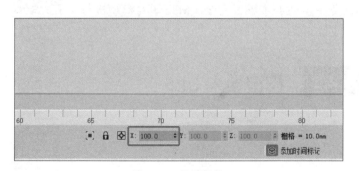

图 4-20 缩放数值

图 4-21 添加"UVW 贴图"修改器

步骤 7:修改材质。

因为 FBX 格式的资产导入 UE5 只能识别默认类型的贴图材质,所以需要修改材质。

全选模型,在"渲染扮家家"插件的"材质"面板中单击"转标准"按钮,再单击"简化材质"按钮。这样导出的 FBX 模型就会带一张基础颜色贴图,如图 4-22 所示。

步骤 8:导出 FBX 模型。

按照层级,将模型依次导出(分开导出防止卡住,同时方便管理)。导出格式为FBX,导出设置里勾选"平滑组""三角算法""嵌入的媒体"复选框,取消勾选"动画""摄影机""灯光"里的选项,如图 4-23 所示。

图 4-22　修改材质

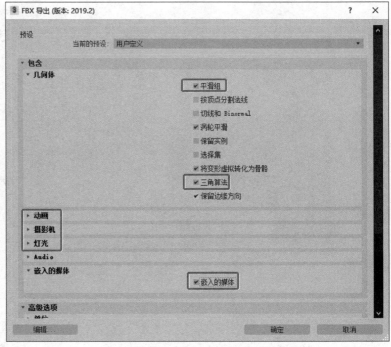

图 4-23　"FBX 导出"对话框

 任务工单

扫码获取导入资源，根据本任务中所述的步骤，在 3ds Max 里对模型进行
处理和导出。

项目 4 的
模型文件

任务 4.2　模型导入 UE5

■ **任务描述**

新建项目，将咖啡吧的 FBX 模型导入 UE5。在内容浏览器中创建文件夹，
将导入的资产分类整理，在视图窗口中完成模型的搭建，查找并解决有问题的模
型，在项目设置中设置 Lumen 光照。

 任务实施

步骤 1：新建项目。
启动 UE5 软件，创建一个新项目。

微课：模型导入与灯光

选择"游戏"→"空白"命令，取消勾选"初学者内容包"和"光线追踪"复选框，输入项目名称，单击"创建"按钮，如图 4-24 所示。进入 UE5 的界面，如图 4-25 所示。

图 4-24　创建空白项目

图 4-25　UE5 默认地图

步骤 2：将咖啡吧 FBX 文件导入 UE5。

选择"窗口"→"加载布局"→"UE4 经典布局"命令，如图 4-26 所示。创建新的空白关卡 Basic，如图 4-27 所示，另存为 map1。单击"导入"按钮将咖啡厅的 FBX 文件导入。

图 4-26　修改布局

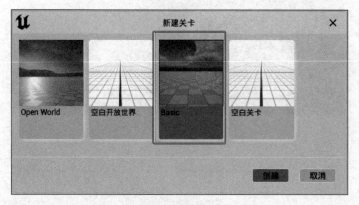

图 4-27　创建新的空白关卡 Basic

　　在弹出的"FBX 导入选项"对话框中，取消勾选"编译 Nanite""生成缺失碰撞"两个复选框（Nanite 不支持半透明材质，碰撞后期手动添加），如图 4-28 所示，其他设置保持默认，单击"导入所有"按钮。

图 4-28　"FBX 导入选项"对话框

步骤 3：场景搭建。

在"内容浏览器"面板中，选中所有的静态网格体，将其拖曳到视图窗口中（图 4-29（a）），同时在"细节"面板中将位置归到世界坐标原点（X：0，Y：0，Z：0），如图 4-29（b）所示。

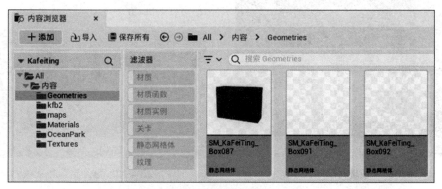

(a)"内容浏览器"面板

(b)"细节"面板

图 4-29　添加内容并设置细节

在"模型"文件夹下创建 Geometries、Materials 和 Textures 三个文件夹。选中静态网格体拖动到 Geometries 文件夹中，在弹出的快捷菜单中选择"移动到这里"。同样的方法将材质拖动到 Materials 文件夹中，将所有贴图拖动到 Textures 文件夹中，如图 4-30 所示。

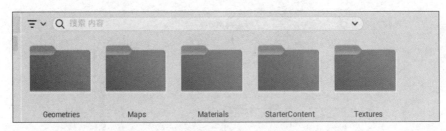

图 4-30 "模型"文件夹

步骤 4：导入问题解决。

（1）玻璃材质有问题。

玻璃材质不显示的问题如图 4-31 所示。

原因：通过 FBX 导入的模型只能带一张基础颜色贴图，透明度、反光等其他效果不支持。

解决方法：在 UE5 中重新制作玻璃材质。

（2）贴图错误或丢失。

贴图错误或丢失如图 4-32 所示。

图 4-31   图 4-32

图 4-31 玻璃材质不显示

图 4-32 贴图错误或丢失

解决方法：在模型源文件中找到丢失的贴图，导入 UE5 中。并连接到模型材质对应的"基础颜色"节点上。

（3）模型有遗漏的反面没有翻转回来。

模型有遗漏的反面没有翻转回来如图 4-33 所示。

图 4-33

图 4-33 反面未翻转回来

解决方法：

① 回到 3ds Max 中重新修改法线，再把这个模型单独导入 UE5 并替换。

② 用 UE5 内置的"建模模式"命令修改。选择 Nrmls 命令，按情况使用"修复不一致法线"或"反转法线"命令，最后单击"接受"按钮，如图 4-34 所示。

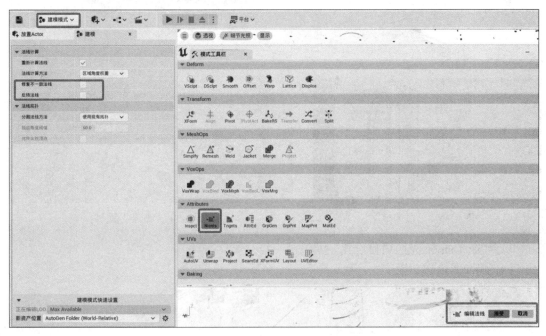

图 4-34 "建模模式"面板

（4）模型材质 UV 和材质贴图不匹配。

模型材质 UV 和材质贴图不匹配如图 4-35 所示。

图 4-35 材质 UV 和贴图不匹配

图 4-35

解决方法：回到 3ds Max 里重新展开材质 UV，并把展开的 UV 的面的位置和贴图位置对齐，再把模型导入 UE5 替换当前模型。

（5）模型材质在闪烁。

模型材质在闪烁如图 4-36 所示。

原因：两个模型面重叠在一起了。

解决方法：选中一个模型，在"细节"面板将位置偏移 0.1，使它们交错开，如图 4-37 所示。

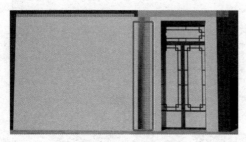

图 4-36　材质闪烁

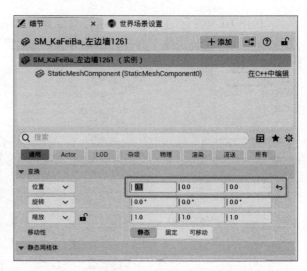

图 4-37　"细节"面板

步骤 5：Lumen 光照项目设置。

同任务 2.3 步骤 2 操作。

 任务工单

根据本任务中所述的步骤，进行模型导入 UE5 的实践，以及对有问题模型的修改。

任务 4.3　室内灯光的布置

■ **任务描述**

　　首先修改玻璃材质，然后根据项目的特点和需求，在场景中布置灯光。

 任务实施

步骤 1：简单玻璃材质制作。

玻璃材质对灯光有很大影响，所以需要先模拟玻璃的材质。

（1）创建一个新的材质球，重命名为 M_Glass。双击打开材质球进入材质编辑器。

（2）选中基础材质节点，在"细节"面板中将"混合模式"设置为"半透明"，勾选"双面"复选框，将"光照模式"设置为"表面向前着色"，如图 4-38 所示。

（3）在基础材质节点中将"基础颜色"、Metallic、"高光度""粗糙度""不透明度""折射"节点全部右击，在弹出的快捷菜单中选择"提升为参数"命令，保存材质，如图 4-39 所示。

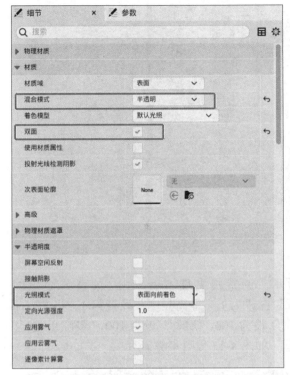

图 4-38 基础材质节点修改

图 4-39 材质参数设置

（4）以此材质创建材质实例，在材质实例中，设置 Metallic（金属度）为 1、"不透明度"为 0.04、"折射"为 1.02、"粗糙度"为 0.02、"高光度"为 1、"基础颜色"为（R：0.44，G：0.47，B：0.48），如图 4-40 所示。如果要创建如图 4-41 所示的不同的玻璃材质，只需修改材质实例中的以上参数。

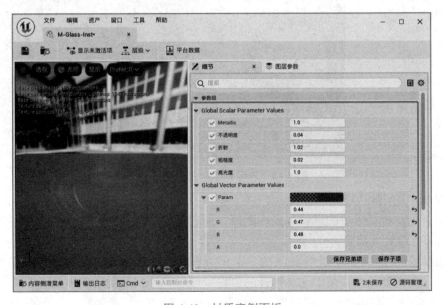

图 4-40 材质实例面板

图 4-41

图 4-41　玻璃材质

步骤 2：创建 PostProcessVolume。

创建 PostProcessVolume，如图 4-42 所示，调整曝光度不变，在"细节"面板的 Exposure "曝光"选项区域中将"最低亮度"设置为 1，"最高亮度"设置为 1。将 Screen Space Reflections "屏幕空间反射"的"强度"设为 100，"质量"设为 100，"最高粗糙度"设为 1，勾选"无限范围（未限定）"复选框，如图 4-43 ～图 4-45 所示。

图 4-42　创建 PostProcessVolume

步骤 3：关闭默认灯光。

从零开始，把场景里的默认灯光都删掉，使它处于全黑的一个状态，如图 4-46 所示。

步骤 4：设置太阳光。

设置太阳光，找到场景中默认的"定向光源"，设置"移动性"为"可移动"。按 Ctrl+L 组合键调整角度，使阳光从打开的窗户口照射进来，照到第一排桌子即可。光照强度设为 6，勾选"使用色温"复选框，温度数值改为 5500，使光偏暖，如图 4-47 所示。

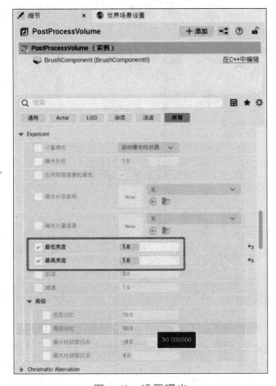

图 4-43   设置曝光

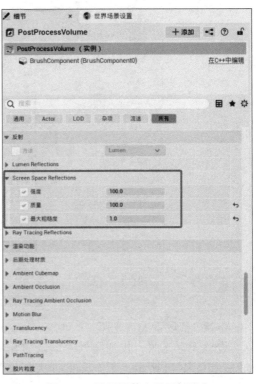

图 4-44   设置屏幕空间反射强度

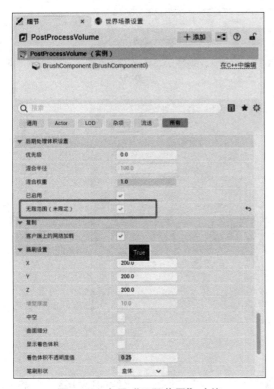

图 4-45   启用"无限范围"功能

图 4-46

图 4-46   无灯光场景

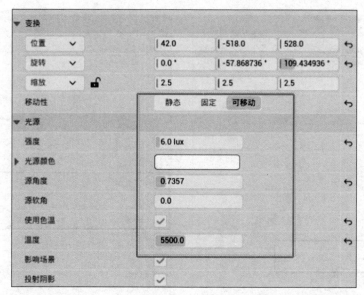

图 4-47 设置太阳光

步骤 5：设置天空光照。

设置天空光照，找到场景中默认的 SkyLight（天空光照），将"移动性"设为"可移动"，如图 4-48 所示，天空光照即大气层的反弹光，用于铺垫整体亮度，保证暗部没有死黑。

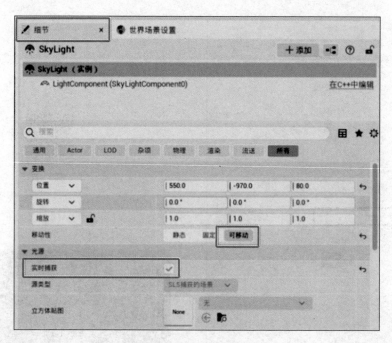

图 4-48 设置天空光照

步骤 6：室内打光。

创建矩形光源，如图 4-49 所示。设置"移动性"为"可移动"。把矩形光源放到窗户口处，光源朝向咖啡吧里面，在"细节"面板中调整源高度和源宽度，使其和窗户口大小一致，在"细节"面板中将"高光度范围"设置为 0。选择矩形光源，按 Alt 键拖动复制到其他几扇窗户处，不是阳光直射的窗户口适当降低光照强度，如图 4-50 所示。

图 4-49　创建矩形光源

图 4-50　灯光布置

前台桌子有点黑，在这里补点光，在天花板高度创建一个矩形光源，在"细节"面板中设置"强度"为 2、"源宽度"为 200、"源高度"为 550，效果如图 4-51 所示。

步骤 7：设置台灯。

选中如图 4-52 所示的灯罩，将灯罩做成自发光材质来模拟台灯发光。双击打开灯罩的材质编辑器，在空白处按住 M 键并单击，创建出 Multiply 节点，如图 4-53 所示。按住 Alt 键并单击断开基础颜色的连线，将 A 与颜色节点相连，右击 B，在弹出的快捷菜单中选择"转化为参数"命令，更改数值为 1，最后连接自发光节点，单击"保存"按钮，如图 4-54 所示。

图 4-51　补光效果

图 4-52　台灯

图 4-51

图 4-52

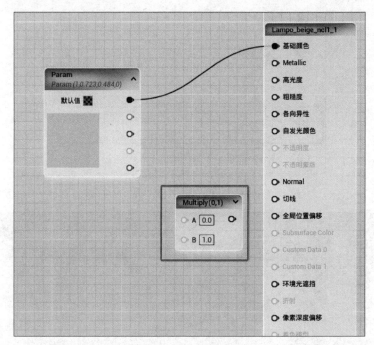

图 4-53　Multiply 节点

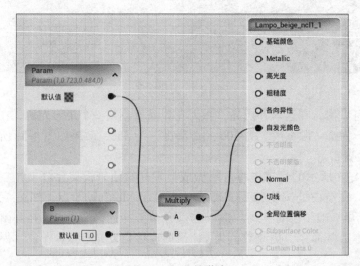

图 4-54　连接节点

步骤 8：设置灯带，创建矩形光源模拟灯带。

如图 4-55 所示，创建一个矩形光源并将其拖动到灯带处，选定矩形光源，在"细节"面板中把"源宽度"设置为 10，"源高度"设置为 785，"挡光板长度"设置为 0，勾选"使用色温"复选框，"温度"设置为 5000，取消勾选"投射阴影"复选框，"强度"设置为 2，"衰减半径"设置为 450，该值一般要大于光源长度的一半，如图 4-56 所示。将光源的方向旋转为朝上，设置"移动性"为"可移动"，效果如图 4-57 所示。

图 4-55 创建矩形光源

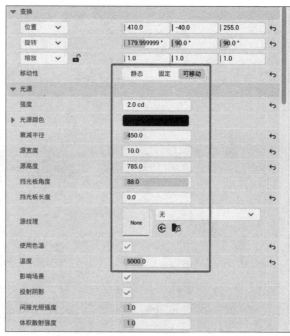

图 4-56 "细节"面板设置

图 4-57 光源摆放位置

切换到顶视图，选择矩形光源，按住 Alt 键并拖动复制 7 盏，将其分别移动到另外几个灯带处，并调整源高度和衰减半径，让灯带在可视范围内不要有明显的衰减，如图 4-58 所示。

接下来给柜台处的架子上打光，同样用矩形光源。

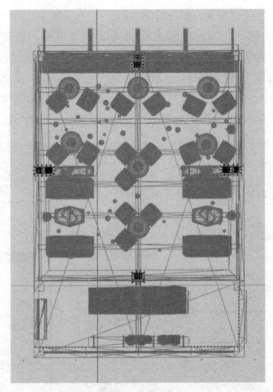

图 4-58　顶视图

　　创建一个矩形光源并将其拖动到架子的物品后面，选中矩形光源，在"细节"面板中把"源宽度"设置为 360，"源高度"设置为 5，"挡光板长度"设置为 0，勾选"使用色温"复选框，"温度"设置为 6000，"强度"设置为 1.2，"衰减半径"设置为 180，该值一般要大于光源长度的一半。将光源的方向旋转为朝上，设置"移动性"为"可移动"，按住 Alt键将其复制到其他几层上，如图 4-59 所示。

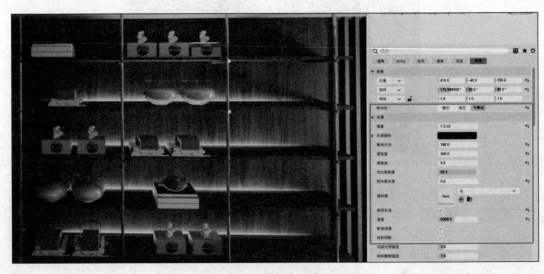

图 4-59　柜台打光

步骤 9：调整。

以上灯光的参数是调整之后的数值。制作新的场景需要按实际情况多次调整。

 任务工单

根据本任务中所述的步骤，对场景进行打光的实践。

任务 4.4　物体材质的制作

■ **任务描述**

本任务带读者掌握木纹材质和自发光灯泡两种材质的制作过程。根据步骤认识节点的用法，并将它们连接成材质蓝图。

 任务实施

步骤 1：模拟简单木纹地板材质的制作。

（1）创建一个新的材质球，重命名为 M_wood_floor。双击打开材质球进入材质编辑器。

微课：物体
材质的制作

（2）找到模型的源文件位置，将木地板对应的贴图导入内容浏览器的 Texture 文件夹。再将贴图拖动到材质编辑器窗口中。UE5 会自动将拖入的贴图转化成 Texture Sample（纹理取样）节点。Texture Sample 节点输出纹理中的颜色值，此纹理可以是常规 Texture2D（包括法线贴图）、立方体贴图或电影纹理。

（3）将纹理贴图连到基础材质节点的"基础颜色"上，将高光度贴图连到基础材质节点的 Metallic 和"高光度"上。

（4）在材质编辑器的空白处按数字键盘的 1 键，单击可以创建出一个 Constant（常量）节点。Constant 节点输出单个浮点值，是最常用的表达式之一，并可连接到任何输入，而不必考虑输入所需的通道数。选中 Constant 节点，在"细节"面板中把"值"设置为 0.2，将该节点连接到基础材质节点的"粗糙度"上。

（5）使用图片的对比度生成凹凸法线，搜索并创建节点 NormalFromHeightmap，如图 4-60 所示，搜索并创建节点 TextureObjectParameter，将图片修改成导入的法线贴图，连接至 Height Map 中，在第二项 Normal Map Intensity 上右击，在弹出的快捷菜单中选择"提升为参数"命令，在"细节"面板中将默认值设置为 1（此参数用来控制法线强度），结果值连接到基础材质节点的 Normal 上，如图 4-61 所示。

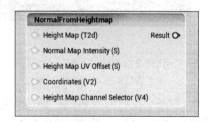

图 4-60　创建节点

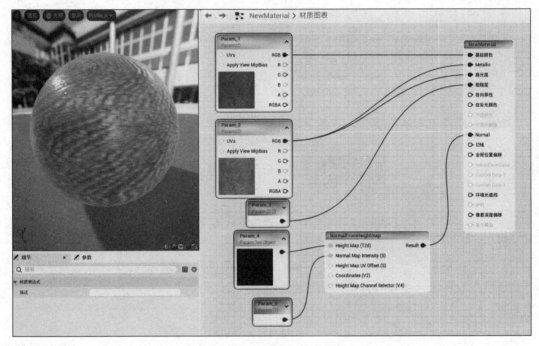

图 4-61　木纹材质节点连接

（6）将左边选中的一列全部修改为参数（注意命名不要相同），单击"保存"按钮。以此材质创建材质实例，如果要修改不同的地板材质，只需要切换材质实例中的 5 个参数，如图 4-62 所示。

图 4-62

图 4-62　切换材质实例参数

步骤 2：模拟灯泡发光材质的制作。

（1）创建一个新的材质球，重命名为 M_Lights。双击打开材质球进入材质编辑器。

（2）在材质编辑器的空白处按 M 键并单击，可以创建出一个 Multiply（乘）节点。将它连接到基础材质节点的"自发光颜色"上。Multiply 节点可以将两个输入的节点相乘，乘法按通道进行，然后输出结果，如图 4-63 所示。

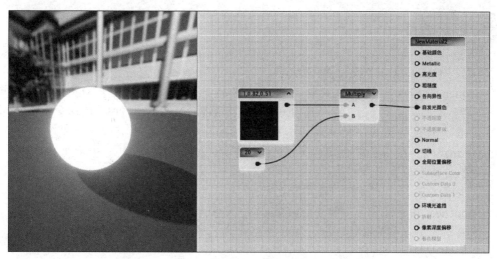

图 4-63　发光材质节点连接

（3）在"材质"编辑器的空白处按数字 3 键并单击，创建出一个三维变量节点，设置颜色为（R：1.0，G：0.82，B：0.51），将它连接到 Multiply 节点的 A 上。

（4）在材质编辑器的空白处按数字 1 键并单击，创建出一个 Constant 节点，设置其数值为 20，将它连接到 Multiply 节点的 B 上。

（5）调节完毕单击"保存"按钮，效果如图 4-64 所示。

图 4-64　灯泡发光材质效果图

图 4-64

　任务工单

根据本任务中所述的步骤，创建木纹地板材质和发光材质。

任务 4.5　使用 Sequencer 制作开关窗过场动画

■ 任务描述

本任务首先处理窗户模型，创建 Sequencer 关卡序列，制作开关窗的动画序列，然后编写蓝图，实现人靠近窗户、窗户打开、离开窗户和窗户关闭等交互效果。

知识准备

1. 使用 Sequencer 编辑器创建动画

Sequencer 编辑器使用户能够用专业的多轨迹编辑器（类似于 Matinee）创建游戏内过场动画。通过创建关卡序列（level sequences）和添加轨迹（track），用户可以定义各个轨迹的组成，轨迹可以包含动画（animation，用于将角色动画化）、变形（transformation，在场景中移动各个东西）、音频（audio，用于包括音乐或音效）和数个其他轨迹类型等。

2. 使用 Sequencer 操作内容并定义属性

Sequencer 通过添加关键帧（auto-key）来操作内容，并为时间轴上所需的点定义属性。当到达时间轴中的这些点时，在每个关键帧上定义的属性将被更新。

3. 添加关键帧到轨迹

启用自动设置关键帧功能，自动为属性更改设置关键帧。在 Sequencer 中有几种不同的方法来手动将关键帧添加到轨迹，但如果对 Actor 的属性进行多处更改，则可能需要启用自动设置关键帧来对这些更改设置关键帧。

4. 重新定位或调整关键帧

选择一个关键帧（多个帧或一部分帧）时，可使用"变换关键帧/分段"（transform keys/sections）工具重新定位或重新调整。

任务实施

微课：使用
Sequencer 制作
开关窗过场动画

步骤 1：处理模型。

由于之前在 3ds Max 中没有将窗户塌陷为一个整体，因此本任务中将把窗户玻璃模型和木头窗户转化为一个单独的网格体并替换掉，如图 4-65 所示。

步骤 2：重置锚点。

选中窗户模型，激活建模模式，如图 4-66 所示。在建模工具栏中选择 Pivot → Right 命令，单击"接受"按钮，将锚点重置于窗户旋转的轴上，如图 4-67 所示。

图 4-65　将窗户转化为静态网格体

图 4-66　更改模式

步骤 3：创建关卡序列。

单击"过场动画"按钮，选择"添加关卡序列"命令，在弹出的"资产另存为"对话框中修改名称为 OpenTheWindow，单击"保存"按钮，如图 4-68 和图 4-69 所示。

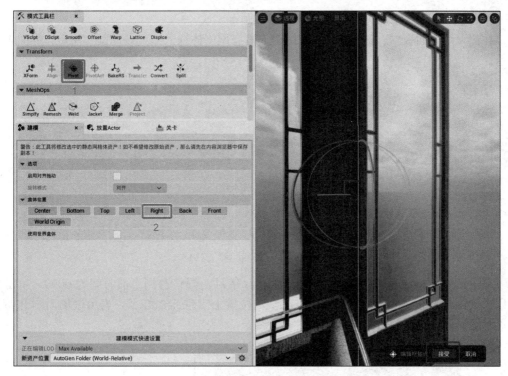

图 4-67　更改锚点

图 4-68　添加关卡序列

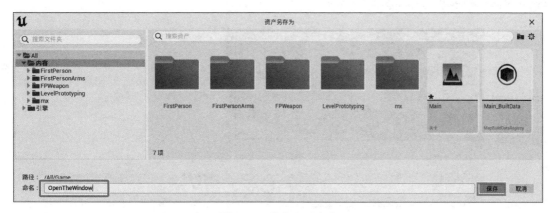

图 4-69　关卡序列命名

步骤4：给窗户添加关键帧，制作开窗动画。

在"大纲"面板中，把步骤1完成的窗户静态网格体拖入"过场动画"窗口，如图4-70所示。

图4-70　"过场动画"窗口

单击SM_MengChuang分组下的Transform条目，调整右侧当前时间为0000，单击主视口内的窗户，按Enter键，可看到时间轴的位置上出现3个红点，表示过场动画开始的位置关键帧设置完成，如图4-71所示。

图4-71

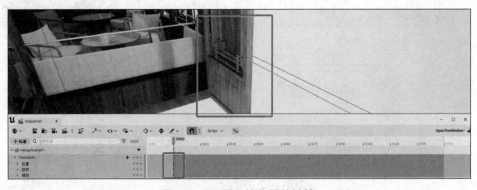

图4-71　设置开始位置关键帧

调整当前时间位置为0020，在主视口内，旋转窗户90°呈关闭状态，按Enter键，记录此时刻窗户的状态，如图4-72所示。

图4-72

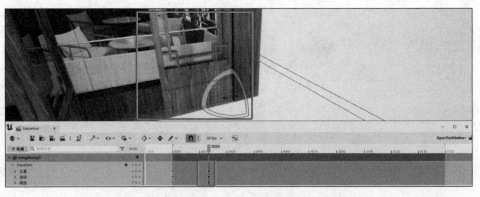

图4-72　结束位置关键帧

在过场动画窗口中，找到表示结束时间的竖线，拖动竖线到右边 3 个红点位置处，即动画结束位置处，如图 4-73 所示。

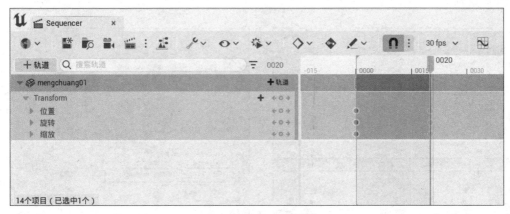

图 4-73　设置动画长度

过场动画调整完成后，可以按空格键播放动画。单击工具栏中的"保存"按钮，保存整个过场动画。

步骤 5：添加开窗动画的触发框。

在主视口中，在左侧"放置 Actor"面板的"基础"选项区域中将触发框拖动到主视口中，将触发框放置到窗户前，并调整触发框的大小，便于后续触发，如图 4-74 所示。

步骤 6：编辑蓝图，实现进入触发框就播放开窗过场动画。

图 4-74　设置触发框

选中盒体触发器，单击"打开关卡蓝图"按钮，进入关卡蓝图编辑界面，如图 4-75 所示。

在事件图标窗口内空白位置右击，在弹出的快捷菜单中选择"为 Trigger Box 1 添加事件"→"碰撞"命令，在展开的选项区域中，分别添加 On Actor Begin Overlap 和 On Actor End Overlap 两个事件，如图 4-76 所示。

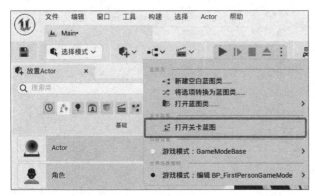

图 4-75　打开关卡蓝图

图 4-76　创建触发框碰撞事件

切换回主窗口视图，选中 OpenTheWindow 关卡序列，如图 4-77 所示。打开关卡蓝图，在事件图标窗口内空白位置处右击。选择"创建一个对 OpenTheWindow 的引用"命令，如图 4-78 所示。

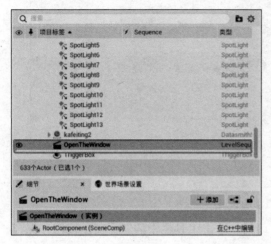

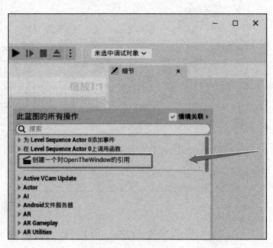

图 4-77　选中 OpenTheWindow 关卡序列　　　图 4-78　选择"创建一个对 OpenTheWindow 的引用"命令

选中对 OpenTheWindow 的引用节点，拉出连接，搜索 get，找到并连接"获取绑定对象（SequencePlayer）"，出现"序列播放器"和"获取绑定对象"两个节点，如图 4-79 所示。

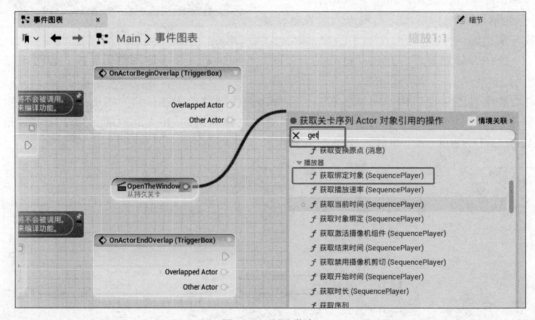

图 4-79　创建节点

删去"获取绑定对象"节点，从"序列播放器"节点分别创建并连接到"播放"和"翻转播放"两个节点，连接执行线，如图 4-80 所示。连接完后需要编译、保存。

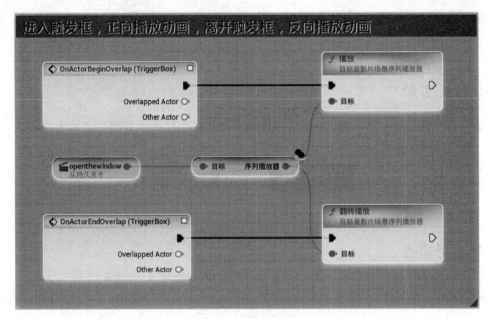

图 4-80　连接节点

进入主窗口，选中 OpenTheWindow 关卡序列，在"细节"面板中展开"回放"选项区域，勾选"末尾处暂停"复选框，如图 4-81 所示。

图 4-81　过场动画细节设置

保存当前关卡，单击运行，人物移动到窗前时，可以看到窗户开启，离开窗口，窗户关闭。

 任务工单

请根据本任务所学，掌握 Sequencer 过场动画的基本操作，并制作简单的过场动画。

任务 4.6　后期效果调节

■ **任务描述**

本任务根据项目需求，对后期整体视觉效果进行调节。

 任务实施

步骤 1：给灯光添加光晕。

选中后期盒子，在"细节"面板的 Bloom 选项区域中，设置强度为 4，阈值为 1。Bloom 用于控制灯光的光晕，增加强度可以看到所有物体的周围多了一圈光晕。阈值用于限制发光，即只有超过阈值设定亮度的物体，才能有光晕。

步骤 2：设置曝光。

在 Exposure（曝光）选项区域中，勾选"曝光补偿"复选框并将数值设置为 1.3，将"最低亮度"设置为 0.6，"最高亮度"保持在 1.0。

步骤 3：调整 Global 饱和度。

在 Global 选项区域中，勾选"饱和度"复选框，将饱和度数值设置为 1.4。

步骤 4：调整反射质量。

在 Screen Space Reflections（屏幕空间反射）选项区域中，勾选"强度"复选框，数值设置为 100，勾选"质量"复选框，数值设置为 100，勾选"最大粗糙度"复选框，数值设置为 1.0。

步骤 5：调整环境光遮蔽。

在 Ambient Occius 选项区域中设置"强度"为 0.2，"半径"为 100，在"高级"选项区域，将"质量"设置为 100。环境光遮挡效果可以使挨着折痕线、小孔、相交线和平行表面的地方变暗。在现实世界中，这些区域往往会阻挡或遮挡周围的光线，因此它们会显得更暗。

步骤 6：调整天空光照。

选择天空光照，将"强度"设置为 13。

步骤 7：Lightmass 设置。

在"世界设置"面板的 Lightmass 选项区域中，将"间接光照"反射数设置为 5，将

"天空光照"反射数设置为 10。

调整后效果如图 4-82 所示。

图 4-82

图 4-82　最终效果

 任务工单

请根据本任务所学，进行后期效果调节。

项目5

佛山售楼处大厅
——后期效果调节和项目打包发布

项目导读

现在售楼处的设计不单纯像销售中心，而是网红打卡点，是城市地标，更是市民休闲中心。从单一的售楼功能，已经演变为集售楼营销、亲子互动、生活展示为一体的综合空间，各种设计独特、风格各异的售楼中心也纷纷涌现。

大厅，也就是售楼处的第一接待区，作为整个项目的第一面貌，不仅能以好的设计吸引客户，给客户留下深刻的第一印象，还能恰到好处地点题，让主题风格更加鲜明。大厅接待区域的前台更是重中之重，前台要突出品牌效应，标识清晰，要有良好的中心感，自带光环效应。

本场景为佛山售楼处大厅，是一座具备艺术风格的售楼处大厅，其设计抽象且充满时尚感，代表着艺术风格的精髓。通常，这种设计在高档次的楼盘中较为常见。抽象的造型往往伴随着流畅而诗意的曲线造型，不带棱角的转折从视觉上就已经让人感受到它的艺术性，UE5以其强大的渲染能力和逼真的光照效果著称，能够创建出接近真实世界的视觉效果。在售楼处大厅的虚拟仿真中，这种能力可以确保每个细节都精确呈现，包括材质、光照、阴影等，从而为客户提供沉浸式的体验，如图5-1所示。

图 5-1

图 5-1　佛山售楼处

项目任务书

建议学时	10 学时
知识目标	• 了解艺术风格售楼大厅的特点； • 了解 3ds Max 格式资源的两种导出方法； • 了解 UE5 导入模型资源的基本流程和方法； • 了解室内灯光布置的流程； • 了解在 UE5 中调整材质的方法； • 了解在 UE5 中后期调节的技巧； • 了解 UE5 项目发布与打包的准备工作及方法
能力要求	• 能够在 UE5 中熟练操作 3ds Max 资源的导入与导出； • 能够根据项目的特点和需求，在 UE5 中布置灯光； • 能够根据项目中使用的材质，在 UE5 中进行调整制作； • 能够根据项目需求，对后期整体视觉效果进行调节； • 能够独立完成项目发布与打包，顺利完成准备工作
项目任务	• 3ds Max 资源项目设置（0.5 学时）； • 3ds Max 资源导出（0.5 学时）； • UE5 资源导入（2 学时）； • UE5 灯光调整（2 学时）； • UE5 材质调整（2 学时）； • UE5 后期调节（2 学时）； • 项目发布与打包（1 学时）
学习方法	• 教师讲授、演示； • 学生练习、实践
学习环境与 工具材料	• 可联网的机房； • 计算机

任务 5.1 3ds Max 资源项目设置

■ 任务描述

本任务将对 3ds Max 资源进行基本的项目设置，以便进行后续操作。

 任务实施

步骤 1：设置视图及单位。

（1）打开文件"售楼处 .max"，在 3ds Max 中对场景中售楼大厅的场景模型进行优化。先将用户视图切换为透视，如图 5-2 所示，活动视口更改为默认明暗处理，如图 5-3 所示，以达到最佳的工作视角与视觉效果。

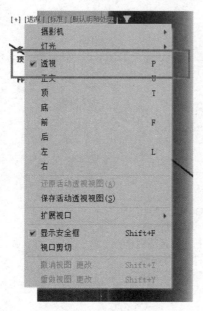

图 5-2 透视

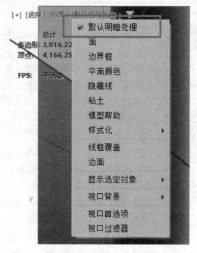

图 5-3 默认明暗处理

（2）将场景单位转化为"厘米"，UE5 中默认的单位是"厘米"，在下载或者制作的模型中，单位大多为"毫米"，如果不对单位进行设置，导入 UE5 中模型比例就会发生变化。

（3）此处使用辅助测量面板中的"卷尺"对模型进行测量，查看是否符合当前模型的真实大小，可以发现当前模型大小为真实大小的 10 倍，再进行重缩放世界单位，将整个场景缩小为当前大小的 1/10，如图 5-4 ～图 5-7 所示。

图 5-4 测量面板

图 5-5 重置变换

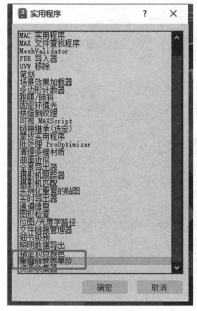

图 5-6 重缩放世界单位

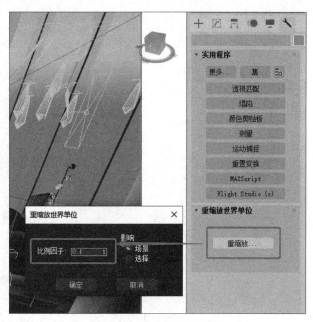

图 5-7 比例因子为 0.1

（4）最后将场景模型移动到世界坐标原点位置，模型导出的单位与坐标设置完成，如图 5-8 和图 5-9 所示。

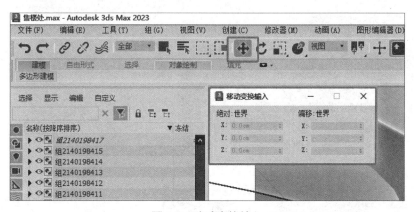

图 5-8 移动变换输入

步骤 2：整理及规范资源。

接下来进行场景的资源整理。刚打开的项目资源比较杂乱，在建模时未进行整理，就会出现命名不规范或是图层不明确的情况。此时，需要对图层进行重命名及整合。例如，在 3ds Max 中选择所有的灯光，将其进行组合并命名为 Light 层。尽量使用英文名称，在 UE5 中避免使用中文名称，减少打包时报错的概率，其他模型同理，可将各种资源分别命名，整理得越细致，后期导入 UE5 中越便于修改。

（1）按住 Alt 键并单击"显示灯光"按钮，将所有的灯光显示出来，然后全选灯光，将其进行组合，命名为 Light，如图 5-10 ～图 5-12 所示。同理，再次选中所有的沙发与桌椅，将其组合，命名为 Sofa。

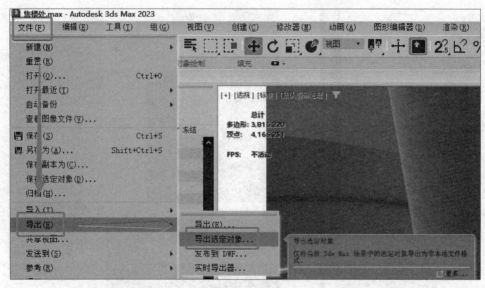

图 5-9　模型导出

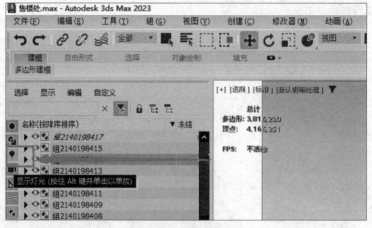

图 5-10　显示灯光

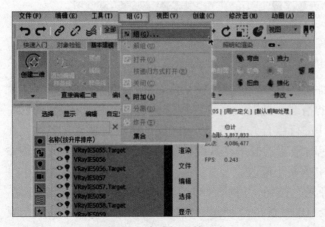

图 5-11　全选灯光并组合

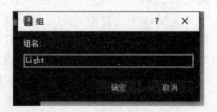

图 5-12　命名

（2）在整理完成后，可能会发现许多不需要的资源，如场景之外的其他模型、平面线条、摄像机等。这些资源在 UE5 中是不需要的，只会占用计算资源，因此可以直接选中并将其删除，如图 5-13 所示。

图 5-13

图 5-13　删除多余资源

（3）最终得到这样的几组图层，如图 5-14 所示。

图 5-14

图 5-14　清理后的图层

 任务工单

扫码获取导入资源，根据本任务中所述的步骤，对模型进行处理。

项目 5 的模型文件

任务 5.2　3ds Max 资源导出

■ **任务描述**

本任务将介绍 3ds Max 资源导出的两种方法。整理完成便可以导出 FBX 资源，将模型分别按照墙体、窗户、桌椅等类别分类，再选定对象导出，共有两种方式进行导出。

任务实施

步骤 1： FBX 模型导出。

第一种方式是使用传统的 FBX 格式导出模型，下面以 Wall 模型为例进行导出。

（1）选择 Wall 层级下的所有模型，选择"文件"→"导出"→"导出选定对象"命令，在弹出的窗口中设置导出的位置与文件名，文件名与资源名称相吻合，如图 5-15 ～图 5-17 所示。

图 5-15　选择对象

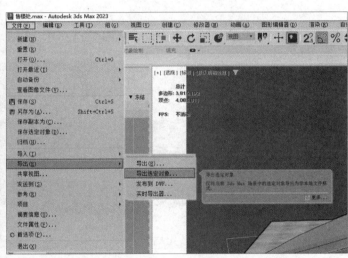

图 5-16　导出选定对象

图 5-17　设置导出的位置与文件名

（2）单击"保存"按钮后在窗口中进行导出设置，在"几何体"选项区域中勾选如图 5-18 所示的复选框，取消勾选"动画""摄像机"复选框，勾选"灯光"复选框，单位选择"厘米"，FBX 文件格式选择所支持的最新版本。最后单击"确定"按钮，等待加载完毕，生成"Wall.fbx"文件。同理，将其他图层模型分别导出，直到完成所有导出工作。如图 5-18 ～图 5-20 所示。

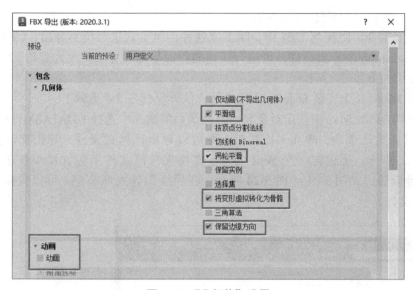

图 5-18　"几何体"设置

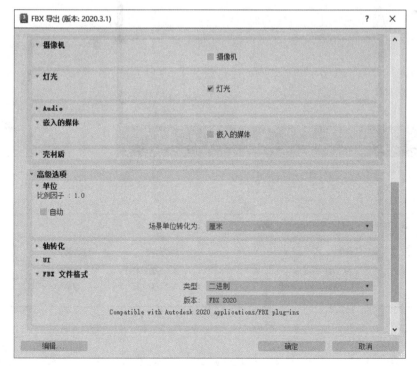

图 5-19　其他导出设置

图 5-20　生成 FBX 文件

步骤 2：UDATASMITH 模型导出。

在新版本的 3ds Max 与 UE5 中，除了以这种传统方式进行模型导出，UE5 还提供了一个名为 Datasmith 的导出插件，可进行快速的资源导出与导入，大大节约工作时间。在此，简单介绍如下。

（1）在 3ds Max 上安装 Datasmith 插件的方法详见任务 2.4 步骤 1。

（2）同样在 3ds Max 中选定对象导出，在最后的选项中选择 UDATASMITH 格式，弹出的窗口选择默认选项，单击 OK 按钮，便可以导出该格式文件。导出文件除了 Wall.udatasmith 文件外，还包含一个 Wall_Assets 文件夹，该文件夹包含模型所需要的网格体、贴图等资源，如图 5-21 ～图 5-24 所示。在后续的导入环节中，可以直接使用 Wall.udatasmith 文件。

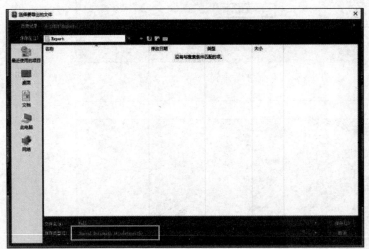

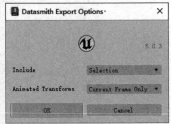

图 5-21　选择 UDATASMITH 格式　　　　　　图 5-22　单击 OK 按钮

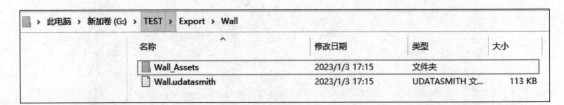

图 5-23　Wall_Assets 文件

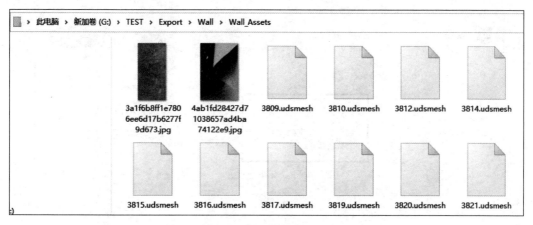

图 5-24 贴图资源

任务工单

根据本任务中所述的步骤，用两种方式导出。

任务 5.3 UE5 资源导入

■ **任务描述**

本任务将带读者掌握资源导入 UE5 的基本步骤与方法。

任务实施

步骤 1：项目创建。

在任务 5.1 中，已经将 3ds Max 中的资源成功打包，接下来将学习如何在 UE5 中进行资源的导入。首先是在 UE5 中创建一个新的项目，并做好项目设置与编辑器设置，完成导入前的准备工作。

（1）使用 Epic Games 软件打开 UE，此处使用的是 5.1.1 版本的 UE，如图 5-25 所示。

（2）启动 UE5 后，单击"游戏"按钮，创建一个空白项目，在右下角的"项目默认设置"选项区域中设置为"蓝图"，"目标平台"设置为"桌面"，"质量预设"设置为"最大"，同时勾选"初学者内容包"与"光线追踪"复选框。这里要注意，在下方的"项目位置"与"项目名称"文本框中务必使用英文名称，不可包含中文，否则会导致最后的打包失败。最后单击右下角的"创建"按钮，完成项目的创建，如图 5-26 所示。

图 5-25　Epic Games 软件打开界面

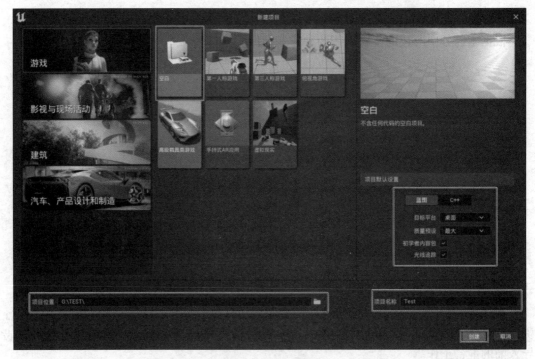

图 5-26　创建项目

（3）项目创建完成后进入 UE5 的默认操作界面。选择"窗口"菜单中的"加载布局"命令，可在展开的列表中加载"UE4 经典布局"，方便对资源进行管理与操作，如图 5-27和图 5-28 所示。

（4）如图 5-29 所示，项目根据设置自动创建了一个默认关卡，包括默认的角色、灯光、天空大气和一些默认的静态网格体，将不需要的静态网格体进行删除，保留需要的灯光与大气等。下方可以看到 StarterContent 文件夹，这便是刚刚创建的"初学者内容包"，其中包含了初学者需要的默认材质、静态网格体、蓝图、纹理等。

图 5-27　默认操作界面

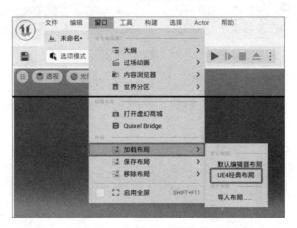

图 5-28　加载 UE4 经典布局

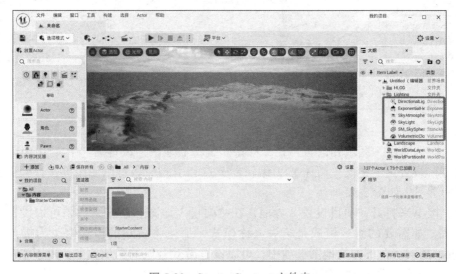

图 5-29　StarterContent 文件夹

步骤 2：项目与编辑器设置。

了解 UE5 的默认关卡后，接下来要对项目和编辑器进行设置，在编辑菜单中，找到"编辑器偏好设置"和"项目设置"选项，如图 5-30 所示。

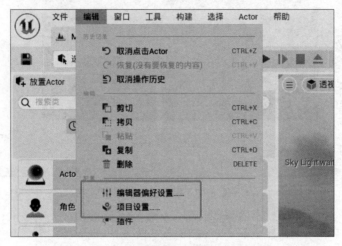

图 5-30　编辑器偏好设置和项目设置

（1）编辑器偏好设置，可以调整操作习惯，如外观样式、快捷键等。在"编辑器偏好设置"界面中单击"加载和保存"按钮，可设置 UE 编辑器的自动保存时间，如图 5-31所示。

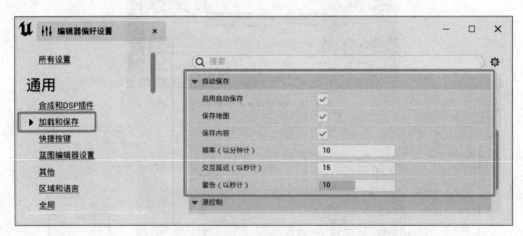

图 5-31　编辑器设置

（2）在"通用－区域和语言"栏，可将"编辑器地区"设置为"中文（中国）"，"编辑器语言"设置为"中文（简体）"，编辑器节点和引脚命名可以使用英文，会更方便进行蓝图的学习，如图 5-32 所示。

（3）接下来打开"项目设置"界面，在"项目－地图和模式"栏中可以设置默认的游戏模式，如需要的游戏模式是第一人称模式，那就将游戏的模式修改为提前设置的 **GameModeBase**。在下方的地图选项中，可以设置游戏开始的默认关卡。由于本项目只有一个地图，因此这里暂时不需要设置，如图 5-33 所示。

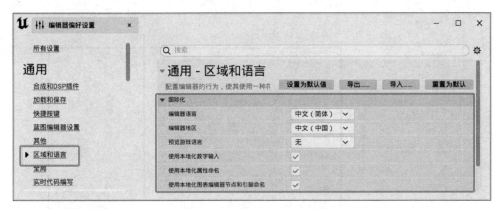

图 5-32　通用－区域和语言设置

图 5-33　游戏模式设置

（4）再往下找到渲染设置，将其中的 Global Illumination（动态全局光照方法）与"反射方法"改为 Lumen，"阴影贴图方法"更改为"虚拟阴影贴图（测试版）"，勾选"支持硬件光线追踪"与"在可能时使用硬件光线追踪"复选框，勾选"生成网格体距离场"复选框，同时取消勾选下方的"自动曝光"复选框。这些设置在后期处理时都会应用，如图 5-34 和图 5-35 所示。

步骤 3：资源导入。

在完成项目和编辑器偏好的设置后，就可以进行资源的导入，需要将 3ds Max 中导出的 FBX 文件或 udatAsmith 文件分别导入至 UE5 中。

1）FBX 资源导入。

（1）单击"快速添加到项目"按钮，在下拉列表中选择"导入内容"命令，再选择需要保存在 UE5 中的位置，单击"确定"按钮，如图 5-36 和图 5-37 所示。

（2）选择 Wall.fbx 文件，单击"打开"按钮，如图 5-38 所示，弹出"FBX 导入选项"窗口，取消勾选"生成缺失碰撞"与"合并网格体"复选框，勾选"生成光照贴图 UV"复选框，单击"导入所有"按钮即可完成资源的导入，如图 5-39 所示。

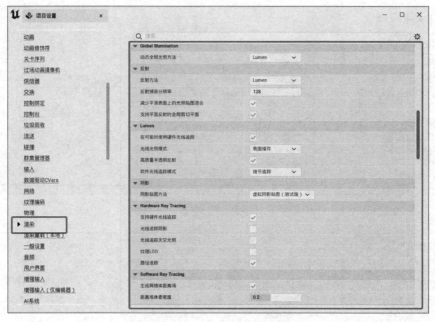

图 5-34　渲染设置

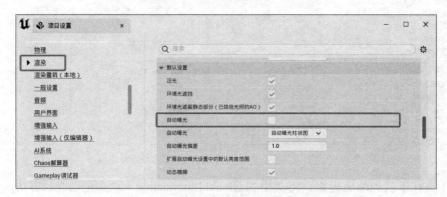

图 5-35　取消勾选"自动曝光"复选框

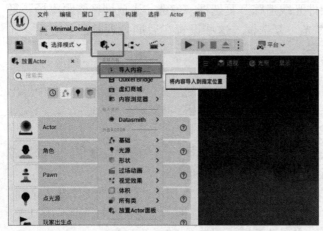

图 5-36　导入内容

图 5-37　选择保存位置

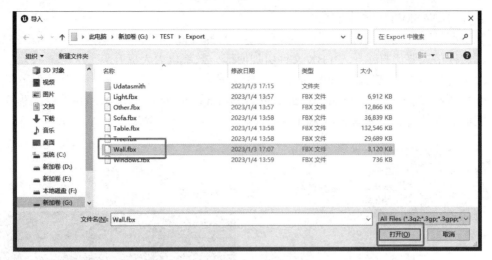

图 5-38　打开 Wall.fbx 文件

（3）导入后，发现此时的模型资源都没有材质或者材质错误，需要进行重新调整，如图 5-40 所示。

图 5-39　完成导入

图 5-40

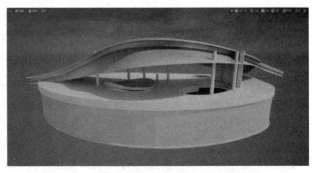

图 5-40　材质错误的模型

2）UDATASMITH 文件导入。

除了可以导入 FBX 资源文件外，还可以使用 Datasmith 插件，导入刚刚的 UDATASMITH 文件，这种格式要比直接导入 FBX 文件更加便捷，效率也大大提升。

（1）首先需要安装 Datasmith 插件，选择"编辑"→"插件"命令，进入"插件"界面，在搜索栏中搜索 Datasmith，找到 Datasmith Importer 插件后选中，并重启工程文件，即可完成插件的安装，如图 5-41 和图 5-42 所示。

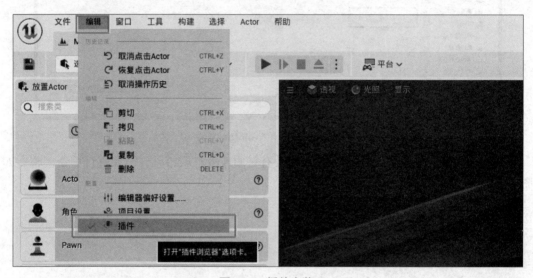

图 5-41　插件安装

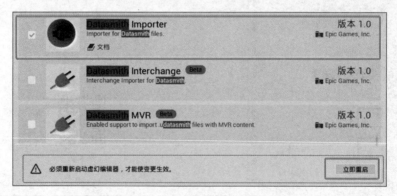

图 5-42　选中 Datasmith Importer 插件

（2）单击"快速添加到项目"按钮，在下拉菜单中选择 Datasmith →"文件导入"命令，打开"导入 Datasmith"对话框。此时可以全选 UDATASMITH 文件，单击"打开"按钮，在打开的"Datasmith 导入选项"对话框中取消勾选"摄像机"与"动画"复选框，因为没有在 3ds Max 中创建光照贴图 UV，所以勾选"生成光照贴图 UV"复选框，UE5 会为每一个网格体自动生成光照贴图 UV，如图 5-43 ～图 5-45 所示。

（3）等待导入完成后，可以看到导入的模型与预期的 FBX 模型不同。虽然大部分物体的材质都导入成功，但是部分材质依然显示不正确，并且灯光也显示不正确，需要手动进行调整，使模型达到预期的效果，如图 5-46 和图 5-47 所示。

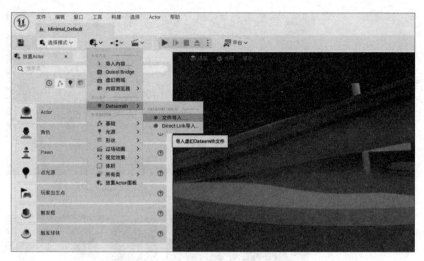

图 5-43　文件导入

图 5-44　全选 udatasmith 文件

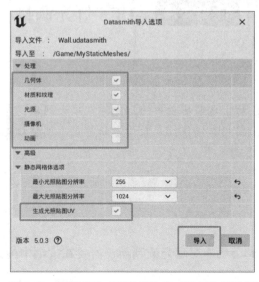

图 5-45　取消勾选"摄像机"和"动画"复选框

图 5-46

图 5-46　导入后的模型效果

图 5-47

图 5-47　灯光显示不正确

任务工单

根据本任务中所述的步骤与方法进行资源导入。

任务 5.4　UE5 灯光调整

■ **任务描述**

在资源导入完成后，之前场景中的灯光存在较大问题，包括天空光照、太阳光、室内的灯带等。因此本任务就是教读者如何重新调整灯光的属性，以确保正确的曝光。

任务实施

由于当前错误的灯光会影响对曝光的判断，需要在大纲中搜索 light，将所有灯光关闭，如图 5-48 所示。

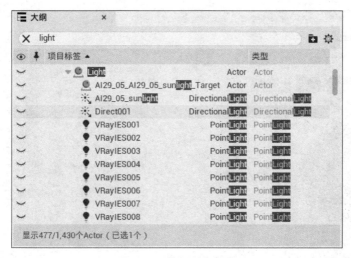

图 5-48　关闭所有灯光

步骤 1：设置玻璃材质。

在设置灯光之前，需要调整玻璃的材质。在场景中，很大一部分玻璃充当了墙体的作用，它对天空光照、定向光等光源有一定的阻挡作用，如果不调整玻璃的材质，室外的灯光无法在室内正确显示。

（1）首先选中最大的玻璃墙面，可以看到当前玻璃材质颜色过暗。在"细节"面板中找到"材质"属性，双击材质球进入材质球面板，如图 5-49 和图 5-50 所示。

图 5-49

图 5-49　玻璃材质

图 5-50　玻璃球面板

（2）通过排查，发现是 Fog_Multiplier 属性错误，把该属性值改为 0.1 并保存，玻璃材质则会正确显示，如图 5-51 和图 5-52 所示。

图 5-51　Fog_Multiplier 属性值改为 0.1

图 5-52

图 5-52　修改后玻璃材质的效果

步骤 2：创建天空光照。

光源分为静态、固定和可移动三种类型。静态光源就是无法在游戏中改变的光源，用于光照烘焙场景。固定光源通过 Lightmass 只烘焙静态物体的阴影和间接光照。固定光源允许光源在游戏运行时改变颜色和强度，但是不能在运行时移动光源位置。可移动光源可生成动态阴影，这是最慢的渲染方法。对于不同的场景应该选择不同的渲染方式，就目前而言，对于渲染质量要求比较高的建筑效果表现之类的项目，由于启用 Lumen 后，静态光照的贡献会被禁用，并且所有光照贴图都会被隐藏，因此基本上都采用"可移动"光源。

天空光照可以理解为环境光，天空光照用来捕获场景的远处环境并将其作为光源应用于场景。这意味着，天空光照是通过采集大气层、天空盒顶部的云层或者远处的山脉等这些信息，来照亮场景和反射，如图 5-53 所示。

从"放置 Actor"面板中找到"光源"选项区域，再将其中的"天空光照"拖动到视图窗口中。将天空光照的"移动性"设置为"可移动","强度"范围设置为 1,勾选"实时捕获"与"投射阴影"复选框,天空光照通过采集立方体贴图的信息,进而来照亮场景和为场景提供反射。天空光照不仅能够照亮场景,还能为场景提供反射效果。天空光照的反射质量,通过立方体分辨率来控制,使用 2 的 n 次幂为数值,如图 5-54 所示。

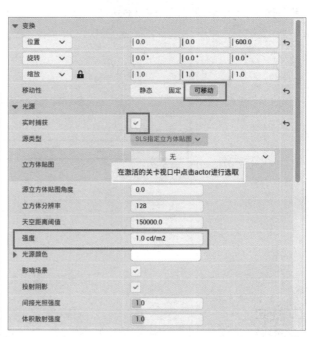

图 5-53　创建天空光照　　　　　　　图 5-54　天空光照设置

步骤 3:创建定向光源。

定向光源也分为静态、固定和可移动三种类型,定向光源模拟从无限远的地方发出的光线,意味着定向光源投射出的光线均为平行光线。所以在创建定向光源时无须选择光源位置,只需要调整其旋转即可决定其投射光线的角度。

(1)同样从"光源"选项区域中拖动出"定向光源"将其设置为"可移动",并通过旋转选项,将其角度调整至玻璃窗方向,达到满意的光照角度;勾选"使用色温"复选框,将其调整至冷光源,使其更符合当前场景的环境光;勾选"投射阴影"复选框,光照强度设置为 6 lux,如图 5-55 所示。

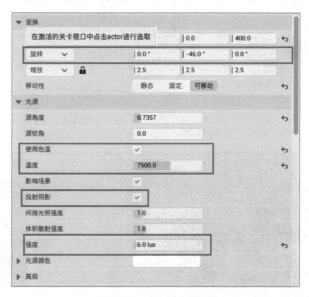

图 5-55　定向光源设置

（2）接下来添加光束遮挡，用来模拟雾气暗处的阴影。只有场景中存在指数级高度雾或者天空大气之类的能生产雾气的效果时，这个参数才起作用，如图5-56所示。光束泛光效果与光束遮挡不同，不依靠雾效。接下来在定向光的"光束"选项区域中勾选"光束泛光"复选框，将其"泛光范围"数值更改为1，如图5-57所示。添加光束泛光前后的效果对比，如图5-58和图5-59所示。

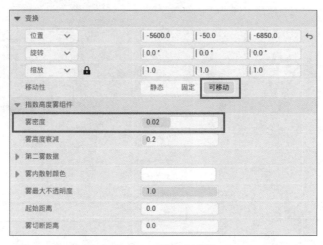

图5-56 雾密度设置

图5-58

图5-59

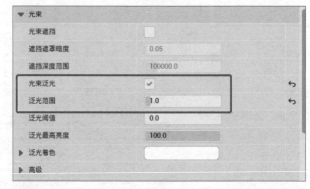

图5-57 添加光束泛光

图5-58 添加光束泛光前的效果

图5-59 添加光束泛光后的效果

（3）目前整个场景在没有室内灯光的条件下亮度较低，部分区域无法观察，所以这里需要再添加一个定向光源，将其强度调整为 50 lux，并勾选定向光源中的"投射阴影"复选框，如图 5-60 和图 5-61 所示。此时场景的曝光已经接近于未开灯的白天室内场景，如图 5-62 所示。

图 5-60 设置强度数值为 50 lux

图 5-61 室内亮度

图 5-61

图 5-62 光照效果图

图 5-62

步骤 4：添加局部光照。

当设置好天空光照与定向光源后，整体的环境氛围就已经完成，接下来需要添加室内局部灯光，来保证场景内的光照足够明亮，使灯光效果更加丰富。

局部光源主要包括聚光源、点光源、面光源。首先使用点光源为场景中的落地灯添加灯光。

（1）在场景中可以看到大厅中有许多落地灯，这种台灯是必须添加光源的，如图 5-63 所示。在顶视图中找到落地灯的位置，并从左侧拖入相应数量的点光源放至场景中，如图 5-64 所示。

图 5-63

图 5-63　落地灯

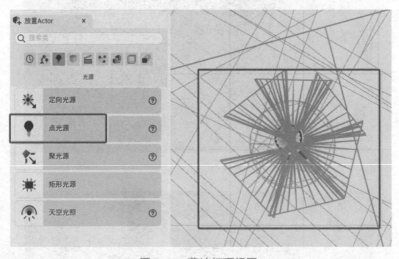

图 5-64　落地灯顶视图

（2）将视口切换至左视图，把刚刚拖入的点光源位置与落地灯位置相对应，如图 5-65 所示。

（3）选中所有点光源，在"细节"面板中设置"强度"为 5 流明，"颜色"为暖色（R：0.705882，G：0.466667，B：0.290196，A：1.0），设置"温度"为 6500，"源半径""源长度"为 0，"衰减半径"为 100，"聚光灯内角"为 1，"聚光灯外角"为 44。将其移动性设置为"可移动"，如图 5-66 所示。

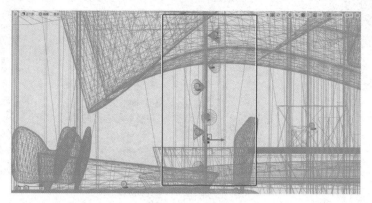

图 5-65　左视图

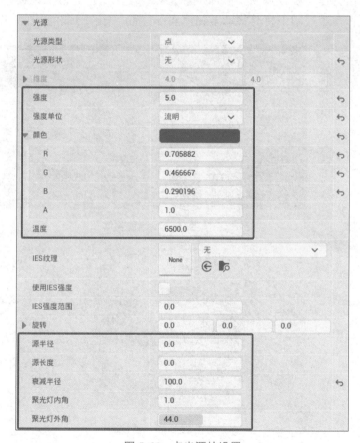

图 5-66　点光源的设置

（4）再次切换到顶视图，选中落地灯的所有光源，将其复制 3 盏并移动到其他落地灯的位置，通过旋转调整其方向。完成所有落地灯的设置，如图 5-67 所示。

步骤 5：添加局部光照。

场景中的基本照明已经完成，但是作为虚拟现实建筑案例，需要给场景中再添加一些氛围灯光，以增添其艺术性，并使整个场景照明更富有层次感。场景中心的物体为一个售楼模型，所以选择给其添加氛围光照。

图 5-67

图 5-67　落地灯效果

（1）找到当前物体，在顶视图中添加矩形光源，使用矩形光源围绕物体边缘复制，使其包围物体底部，在透视图中将其移动至物体底部位置，如图 5-68 和图 5-69 所示。

图 5-68

图 5-68　当前物体

图 5-69

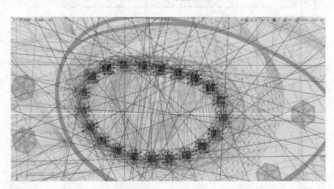

图 5-69　顶视图

（2）全选刚刚添加的矩形光源，在"细节"面板中调整参数。光源类型设置为"矩形"，光源形状设置为"无"，强度设置为 5 流明，"颜色"设置为暖色（R：1.000000，G：0.796078，B：0.529412，A：1.000000），"温度"设置为 6500，如图 5-70 和图 5-71 所示。

从场景中可以看出，上方的售楼模型为一个透明材质的楼房模型，在其顶部添加一个矩形光源，光源的宽高分别设置为"100""200"，强度为"10 cd"，如图 5-72 和图 5-73 所示。光源颜色设置为暖色（B：198，G：236，R：255，A：255）。完成灯光的调整后，将多余的灯光删除即可看到最终效果，如图 5-74 所示。

图 5-70　光源调整参数

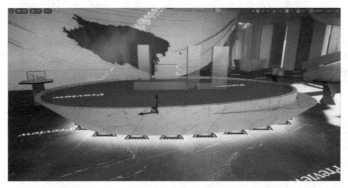

图 5-71　添加矩形光源后的效果图 1

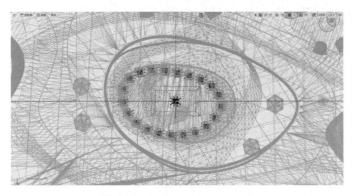

图 5-72　顶视图添加矩形光源

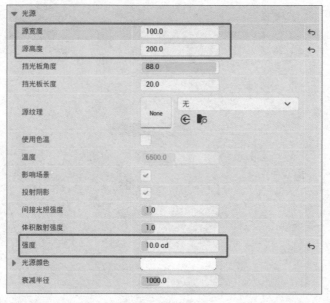

图 5-73　光源参数

图 5-74

图 5-74　添加矩形光源后的效果图 2

 任务工单

根据本任务中所述的步骤，对场景进行打光及调整灯光效果。

任务 5.5　UE5 材质调整

■ 任务描述

在设置灯光的过程中，会有许多材质问题，这是 3ds Max 的材质与 UE5 材质节点不同所导致的。接下来，本任务要对场景中的材质进行调整。

任务实施

步骤 1：法线调整。

如在导入的模型中发现模型出现消失或是透明的情况，这其实是模型的法线出了问题，模型的每一个面都会有一个法线，法线的方向即模型的正面，反之则是法线的背面，如图 5-75 所示。UE5 默认只渲染法线正面的材质，不会自动渲染法线背面的材质。因此，当法线翻转后就会出现如图 5-75（b）所示的情况，即直接透过模型看到其内部。针对这个问题，可以采取两种方法来解决。

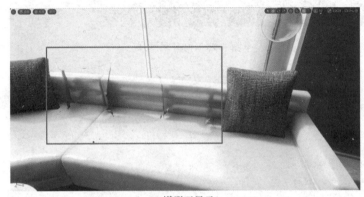

(a) 模型不显示1

图 5-75（a）

图 5-75（b）

(b) 模型不显示2

图 5-75　模型不显示

第一种方法：直接选中模型，在"细节"面板中双击打开材质球，找到其"父项"材质，再次双击打开进入"材质球节点"面板，如图 5-76 和图 5-77 所示。在左侧的细节面板中找到"材质 - 双面"复选框并勾选，单击"应用"按钮并回到透视视图，此时可以发现，当前模型的材质已经被渲染出来，如图 5-78 ～图 5-80 所示。

第二种方法：可以让 UE5 直接渲染出材质的背面，但是需要谨慎使用，因为此方法会消耗大量资源。当场景中有许多模型出现了法线错误，推荐采用第二种方法，即统一模型法线。

图 5-76　打开材质球

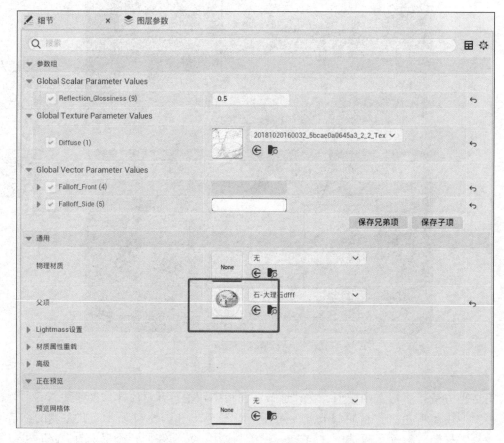

图 5-77　"父项"材质

（1）首先单击"插件"按钮，在搜索栏中输入 modeling，选中 Modeling Tools Editor Mode 插件，在跳出的"消息"对话框中单击"是"按钮并进行重启，如图 5-81 和图 5-82 所示。

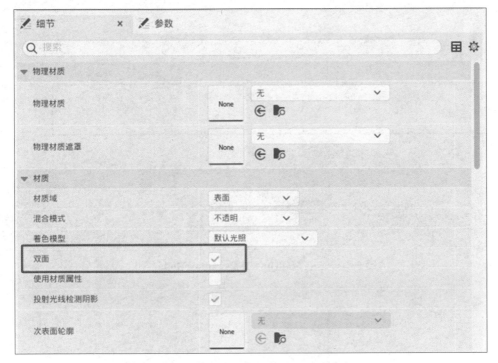

图 5-78 勾选"细节"面板中的"材质 – 双面"复选框

图 5-79

图 5-79 渲染好的效果图 1

图 5-80

图 5-80 渲染好的效果图 2

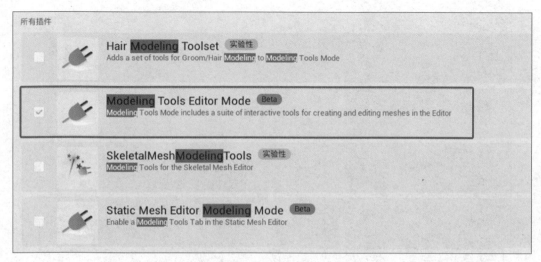

图 5-81　选中 Modeling Tools Editor Mode 插件

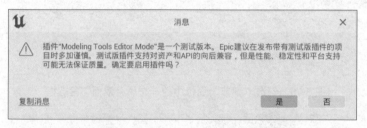

图 5-82　弹出"消息"对话框

（2）在"选择模式"选项区域中选择"建模"命令，出现模式工具栏窗口，首先选中需要修改法线的模型，在下方单击 Nrmls（法线）按钮，在建模工具栏中勾选"修复不一致法线"复选框，即可预览，可以发现当前模型法线已被修复，最后单击"接受"按钮，即可完成法线翻转，如图 5-83 和图 5-84 所示。

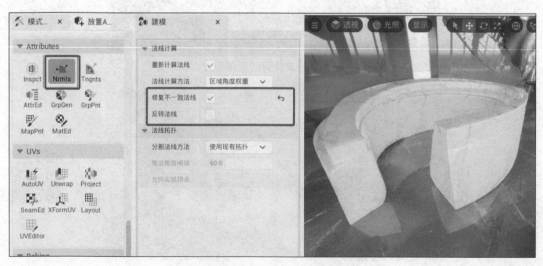

图 5-83　修复法线后的模型

图 5-84

图 5-84 修复法线后的模型

步骤 2：材质实例调整。

在添加灯光的过程中，可能会出现部分颜色与当前场景风格不匹配的问题，如地板、墙面、玻璃等。为了解决这个问题，可以在材质实例中进行修改，而不需要去修改其材质。这样做可以大大减少资源占用。

材质实例与材质不同，它拥有材质的着色器逻辑，展示了可调节参数（也就是 Params），但是屏蔽了编辑着色器的能力，这样在修改某个模型的细节参数时，不会影响到其他应用该材质的模型。并且当修改一个材质以后，所有的材质实例都会随之更新。

（1）在添加氛围灯光时，有时会遇到材质问题。当我们为售楼模型添加一圈氛围灯光时，可以发现模型台的地面有一圈过亮的反射灯光，并且整个地面反射过分清晰，这其实是地面反射光泽过高导致的，如图 5-85 所示。选择地面，进入材质实例界面，将 Reflection_Glossiness 的数值改为 0.1，即可完成修复，如图 5-86 和图 5-87 所示。

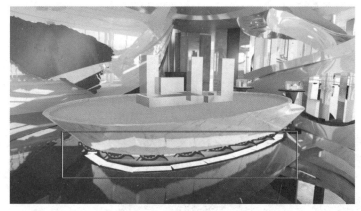

图 5-85

图 5-85 地板像镜面一样反射

（2）售楼处的玻璃模型材质也会出现问题。当添加顶部矩形光源时，发现玻璃材质折射率太低、视觉效果不佳，需要打开实例材质，将 Fresnel_IOR 即菲涅尔反射率设置为 5，"折射"设置为 2，修改完毕视觉效果更符合玻璃材质，如图 5-88 和图 5-89 所示。

虚幻引擎（Unreal Engine）技术案例教程

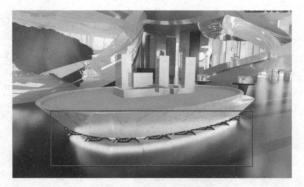

图 5-86　地板变为漫反射

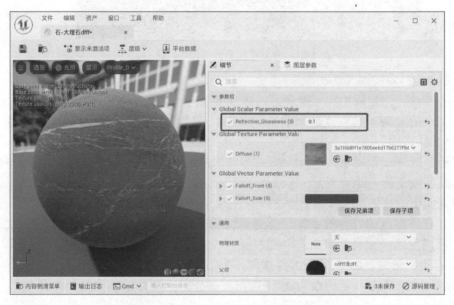

图 5-87　Reflection_Glossiness 的数值改为 0.1

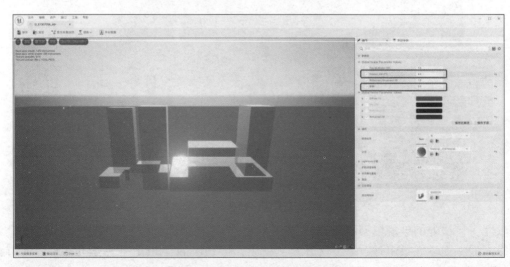

图 5-88　修改 Fresnel_IOR 参数

152

图 5-89

图 5-89　修改后的效果图

（3）场景中窗户前的立柱也出现了问题，其中一些立柱的材质变成了黑色，而其他立柱都是白色烤漆材质，如图 5-90 所示。为了解决这个问题，可以搜索白色立柱的材质，并将其替换到黑色立柱上。对于其他材质的修改，这里不再一一赘述。

图 5-90

图 5-90　立柱材质有问题

 任务工单

根据本任务中所述的步骤，对材质进行调整。

任务 5.6　UE5 后期调节

■ 任务描述

在完成对灯光与材质的调整后，就完成了对模型的所有操作。接下来，本任务要对整体环境进行渲染处理。

任务实施

步骤 1：添加 PostProcessVolume。

对于后期处理最常用的方法便是 PostProcessVolume，UE4 提供 PostProcessVolume 用于进行后期效果的处理，可以用此方法来调整场景的整体风格与效果。然而，无论场景中是否放置了后期体积，UE5 都会默认启用后期处理。

图 5-91　添加 PostProcessVolume

（1）在"放置 Actor"面板中将 PostProcessVolume 添加至场景中（见图 5-91），并通过三视图调整其大小，使其覆盖至整个场景。如图 5-92 所示。

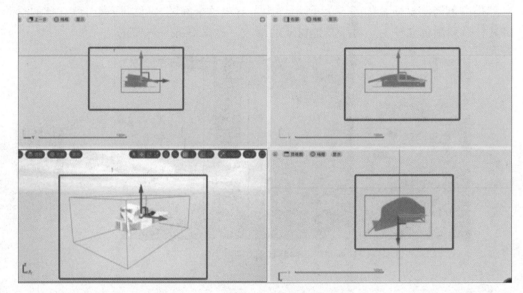

图 5-92　三视图

（2）在 PostProcessVolume 的"细节"面板中对 Bloom 进行设置，Bloom 是常用的功能，为场景高光部分提供一种泛光效果。勾选"方法"选项，设置为"标准"，"强度"设置为 1，"阈值"设置为 −1，如图 5-93 所示。

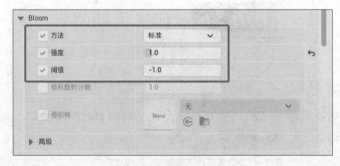

图 5-93　Bloom 设置

（3）镜头光晕：Lens Flares 是一种基于图像的技术，可以模拟在看向光源时的散射光斑，模拟的目的是弥补摄像机镜头的缺陷，将其"强度"设置为1，"着色"为白色，"散景大小"可以控制光斑的大小为3，阈值为8，如图 5-94 和图 5-95 所示。

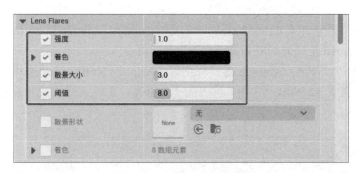

图 5-94　Lens Flares 设置

图 5-95

图 5-95　Lens Flares 设置后效果图

（4）图像效果：Image Effects 可以模拟真实世界中摄像机镜头变暗的特效，将其设置为 0.6，如图 5-96 和图 5-97 所示。

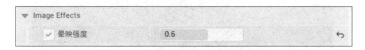

图 5-96　Image Effects 设置

图 5-97

图 5-97　Image Effects 设置后效果图

步骤 2：调整 Lumen 反射。

在项目开始就勾选过 Lumen 设置，开启后 Lumen 反射质量可以在后处理体积调整，可在细节面板下找到反射。Lumen 解决了所有材质粗糙度的间接反射或反射。在反射中都可以看到带有全局光照和阴影的天空光照。Lumen 反射支持透明图层 Clear Coat 材质。对于 Clear Coat 材质，它拥有底面和清漆两层反射的效果。Lumen 反射依赖 Lumen 的全局光照，集成了 Lumen 全局光照的效果。

（1）分别在 PostProcessVolume 的"反射"与 Lumen Reflections 选项区域，勾选"方法"复选框并设置为 Lumen，"质量"设置为 1，勾选"光线光照模式"复选框，如图 5-98 所示。

图 5-98　反射设置

Lumen 反射结合了 Lumen 屏幕追踪和 Lumen 光线追踪两种反射方式。如果场景在摄像机范围之内，反射会比较清晰。屏幕追踪反射的效果会更好，如图 5-99 和图 5-100 所示。

图 5-99

图 5-99　未开启 Lumen 反射

图 5-100

图 5-100　开启 Lumen 反射

（2）如果想要得到比较清晰的镜面反射效果，需要用 Lumen 的硬件光线追踪。即开启"项目设置"面板，在项目中搜索 RHI，将"默认 RHI"改为 DirectX 12，如图 5-101 所示。

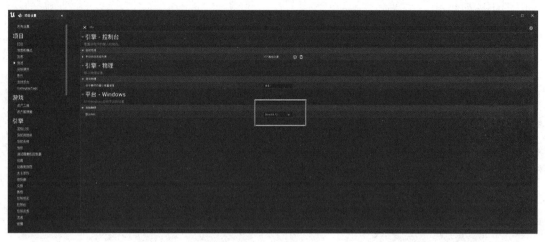

图 5-101　引擎搜索

（3）在后处理里提高质量数值，设置数值为 4，从而完成 UE5 的 Lumen 反射设置，得到最佳的场景效果。

任务工单

根据本任务中所述的步骤，进行渲染处理。

任务 5.7　项目打包

■ 任务描述

在完成后期效果的调节之后，就可以对项目进行打包。本任务带领读者学习在打包之前，需要进行的一些准备工作。

任务实施

步骤 1：游戏模式设置。

若要软件顺利运行，则必须设置默认游戏模式与默认 pawn 类。默认游戏模式是游戏框架的基础，决定了游戏的规则。pawn 类是一个代表用户或者代表人工智能的游戏对象，它使我们可以控制对象进行移动或其他操作。

（1）在之前的内容中设置过游戏模式，因为在创建关卡时，添加了初学者内容包，其中便包含默认的 GameMode 与游戏 pawn 类，所以可以直接使用其中的 BP_FirstPersonGameMode。同样，将默认 pawn 类也修改为 BP_FirstPersonCharacter，如图 5-102和图 5-103 所示。

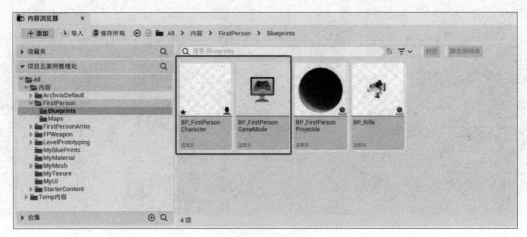

图 5-102　内容设置

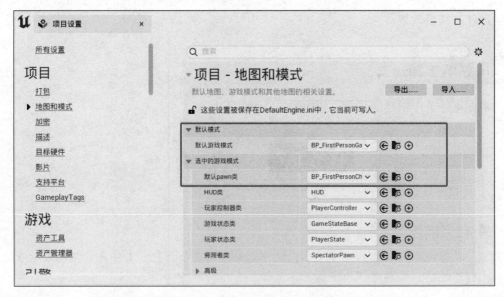

图 5-103　将默认 pawn 类也修改为 BP_FirstPersonCharacter

（2）打开"世界场景设置"面板，将其游戏模式也更改为 BP_FirstPersonGameMode，其他蓝图类可参考如图 5-104 所示进行设置。

（3）设置默认 Character，双击打开 BP_FirstPersonCharacter 进入到设置界面，便可直接看到游戏角色。视口中的手臂便是游戏角色，摄像机为蓝色，红色的圆柱体为角色碰撞组件。如图 5-105 所示。

（4）选择碰撞组件，在"细节"面板中调整形状，"胶囊体半高"为88，"胶囊体半径"为 10，如图 5-106 所示。

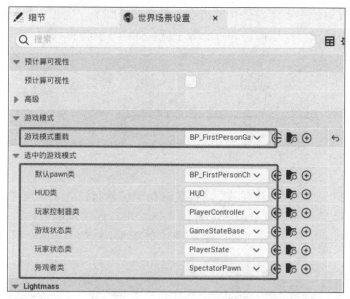

图 5-104 "世界场景设置"面板

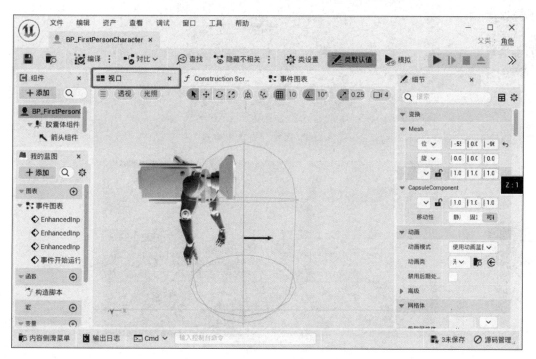

图 5-105 设置界面

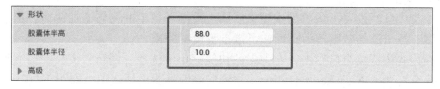

图 5-106 调整碰撞组件

（5）如在软件运行中不需要手臂的出现，只需在"细节"面板中找到"渲染"选项区域，勾选"游戏中隐藏"复选框，即可隐藏手臂，如图 5-107 所示。

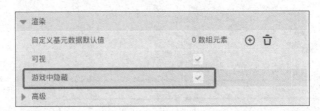

图 5-107　隐藏手臂

（6）在场景中添加"玩家出生点"，将其移动至场景起点处。有时"玩家出生点"的控制器图标可能会变成一个 BADsize 字样的图标。出现此情况时，须在世界场景中移动"玩家出生点"，确保其不与场景中的物体相交，如图 5-108 和图 5-109 所示。

图 5-108

图 5-108　添加"玩家出生点"

图 5-109

图 5-109　BADsize 图标

步骤 2：碰撞设置。

在第 1 步中已经设置了角色的碰撞，后面还需给场景中的物体添加碰撞。由于场景中的物体较多，逐个添加碰撞较为烦琐，可以批量设置碰撞。

（1）在内容浏览器窗口右击，在弹出的快捷菜单中选择"编辑器工具"→"编辑器工具蓝图"命令，选择 AssetActionUtility 父类创建该编辑器工具蓝图，如图 5-110 和图 5-111 所示。

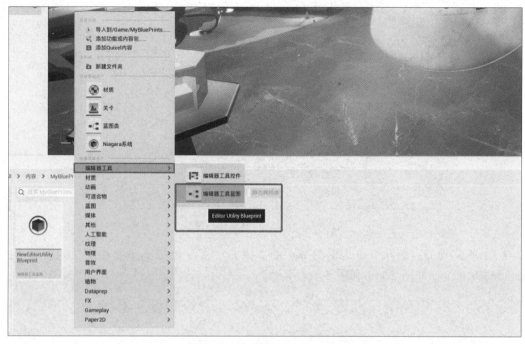

图 5-110　选择"编辑器工具"→"编辑器工具蓝图"命令

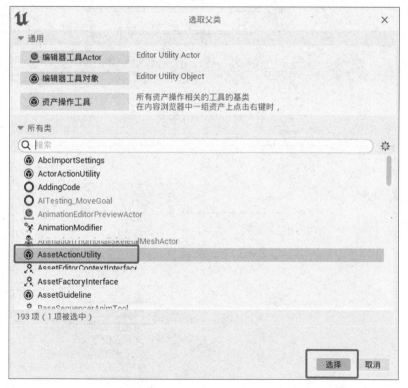

图 5-111　AssetActionUtility 命令

（2）双击该蓝图，在"函数"下拉列表中选择"获取支持的类"命令，如图 5-112 所示。

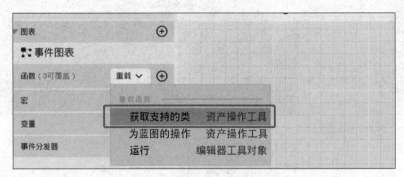

图 5-112　选择获取支持的类

（3）将父类节点删除，单击返回节点的选择类，输入 staticmesh，在下拉列表中选择 StaticMesh 命令，如图 5-113 和图 5-114 所示。

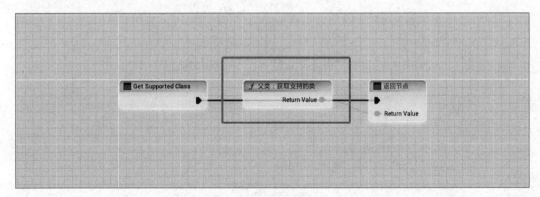

图 5-113　删除父类节点

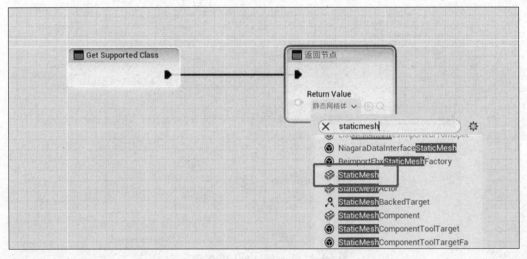

图 5-114　选择 StaticMesh

（4）添加函数，更改名字为 set collision，连接至"获取选择的资产"节点，再连接 set simple（设置简单碰撞）节点，形状类型设置为"盒体"，如图 5-115～图 5-119 所示。

图 5-115 添加函数，改名为 set collision

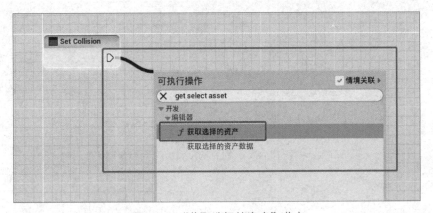

图 5-116 "获取选择的资产"节点

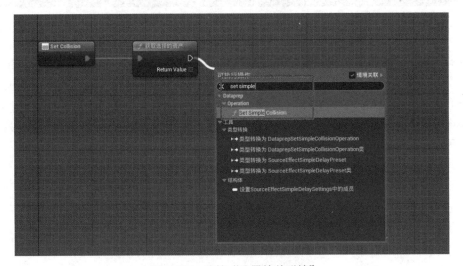

图 5-117 连接"设置简单碰撞"

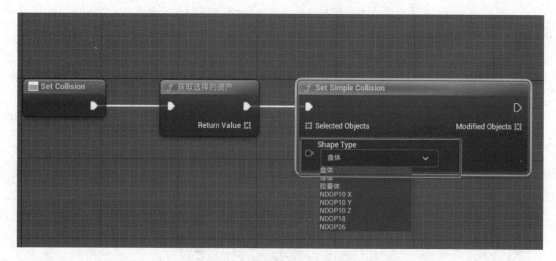

图 5-118　形状类型选择"盒体"

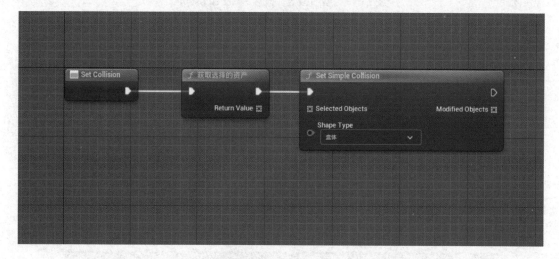

图 5-119　选择完成

（5）右击该蓝图，在弹出的快捷菜单中选择"运行编辑器工具蓝图"命令，如图 5-120 所示。

（6）选择场景中需要添加碰撞的模型，如地板，右击视图窗口，在弹出的快捷菜单中选择"浏览至资产"命令，再次右击视图窗口，在弹出的快捷菜单中选择内容浏览器中的网格体，选择"脚本资产化行为"→ Set Collision 命令，如图 5-121 和图 5-122 所示。

（7）双击内容浏览器中的地板进入静态网格体设置，依次单击"显示"→"简单碰撞"按钮可以查看，当前网格体已添加简单碰撞。我们使用相同方法对需要添加碰撞的物体进行设置即可，如图 5-123 所示。

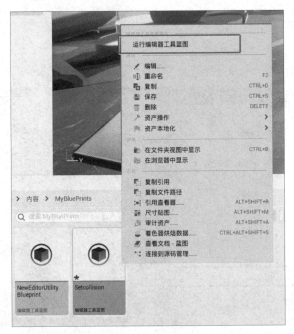

图 5-120 运行编辑器工具蓝图

图 5-121 选择"浏览至资产"命令

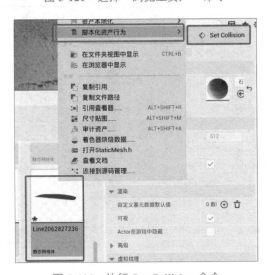

图 5-122 执行 Set Collision 命令

图 5-123　单击"显示"→"简单碰撞"按钮

步骤 3：安装 Visual Studio 编译器。

当步骤 1 和步骤 2 都完成时，便可以开始项目的打包设置。项目打包之前，还需要安装 Visual Studio 编译器，这是打包 UE5 程序必不可少的软件。

（1）如果找不到安装位置，可以在虚幻引擎中新建项目，在如图 5-124 所示的"项目默认设置"选项区域中选择 C++ 选项，此时会提示未安装 Visual Studio，单击"安装 Visual Studio 2022"按钮即可直接安装 Visual Studio Installer。

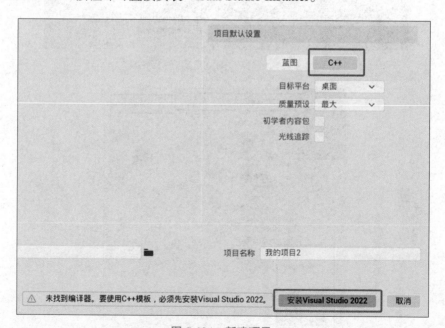

图 5-124　新建项目

（2）安装完成后打开 Visual Studio Installer 窗口，在可用界面找到 Visual Studio Enterprise 2019，单击"安装"按钮，如图 5-125 所示。

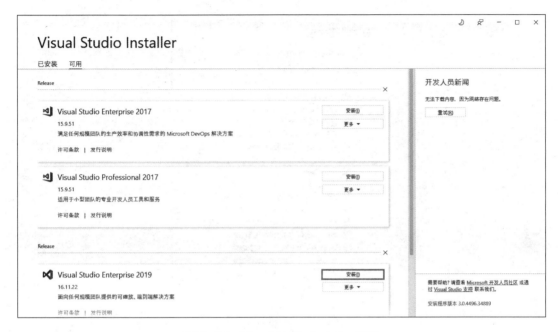

图 5-125　Visual Studio Installer 窗口

（3）安装界面勾选如图 5-126 所示的几个常用选项的复选框，若后期有需要可以再次安装。

图 5-126　安装界面勾选的复选框

（4）安装详细信息则按图 5-127 ～图 5-129 所示进行勾选，最后单击"安装"按钮即可。

安装详细信息

▸ Visual Studio 核心编辑器
▾ 通用 Windows 平台开发
  ▾ 已包含
    ✓ Blend for Visual Studio
    ✓ .NET Native 和 .NET Standard
    ✓ NuGet 包管理器
    ✓ 通用 Windows 平台工具
    ✓ Windows 10 SDK (10.0.19041.0)
  ▾ 可选
    ☑ IntelliCode
    ☐ USB 设备连接性
    ☑ C++ (v142)通用 Windows 平台工具
    ☑ C++ (v141)通用 Windows 平台工具
    ☑ 用于 DirectX 的图形调试器和 GPU 探查器
    ☑ Windows 11 SDK (10.0.22000.0)
    ☑ Windows 10 SDK (10.0.18362.0)
    ☐ Windows 10 SDK (10.0.17763.0)
    ☐ Windows 10 SDK (10.0.17134.0)
    ☑ Windows 10 SDK (10.0.16299.0)

图 5-127　安装详细信息 1

图 5-128　安装详细信息 2

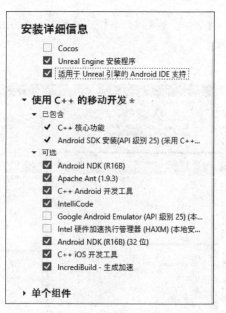

图 5-129　安装详细信息 3

步骤 4：打包。

（1）在"项目设置"对话框中单击"打包"标签，在"打包"选项卡中将"编译配置"设置为"发行"。可使打包出来的文件体积较小，如图 5-130 所示。

图 5-130 项目"打包"设置

（2）单击"平台"按钮，在下拉列表中选择 Windows →"发行"命令，再次单击"打包项目"命令，如图 5-131 所示。

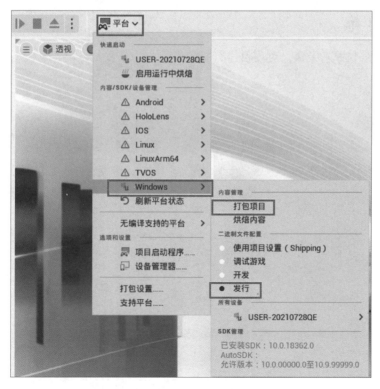

图 5-131 打包项目

（3）选择打包输出文件夹，注意此时的输出路径尽量不要有中文，然后等待打包项目输出，如图 5-132 所示。

（4）输出完成后，我们找到打包位置，双击其中的 .exe 文件即可运行软件。

169

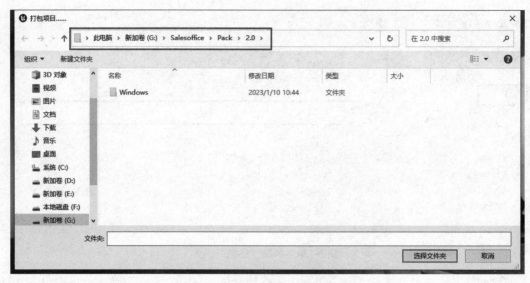

图 5-132　选择打包输出文件夹

任务工单

根据本任务中所述步骤，对项目进行打包。

项目6

Element 大堂吧
——室内灯光布置和场景漫游影片渲染

项目导读

　　崇礼源宿酒店位于北京冬奥会协办城市张家口市崇礼区的太舞滑雪及山地度假村，是万豪国际集团旗下绿色生态长住品牌。源宿酒店并不强调华丽，它所吸引的是那些讲求环保态度、追求高科技的新生代旅行者。

　　Studio HBA | 赫室延续了母公司奢华和舒适的设计风格，并将创新和活力融于作品之中，遵循源宿品牌生态和可持续发展理念，将"情景境"从室外延至室内，使"情景互动"和"建筑意""空间境"共同构成一个系统结构，将清新明快的现代设计与环保可持续精神相融合，营造了一处在旅途中修养身心、重获平衡的居停之所，重新定义旅行体验。该项目于 2018 年在 BEST OF BEST 大奖赛中一举揽下"最佳酒店"的桂冠，备受全球瞩目。UE5 在优化和性能提升方面表现出色，可以确保在复杂场景中实现流畅的运行速度。这对于大堂吧的虚拟仿真效果至关重要（图 6-1），因为客户期望能够无缝地浏览各个区域，不受卡顿或延迟的影响。

图 6-1　源宿酒店大堂

项目任务书

建议学时	14 学时
知识目标	• 了解 3ds Max 资源处理与导出的流程和方法； • 了解资源导入 UE5 的基本流程； • 掌握室内灯光布置与构建方法； • 掌握不同材质的调整技巧； • 掌握场景漫游制作技巧
能力要求	• 能够在 UE5 中熟练操作 3ds Max 资源的导入与导出； • 能够根据项目的特点和需求，在 UE5 中布置灯光； • 能够根据项目中使用的材质，在 UE5 中进行调整； • 能够熟练地在 UE5 中使用动画编辑器制作动画
项目任务	• 资源修改与导出（2 学时）； • UE5 资源导入（2 学时）； • 室内灯光布置（4 学时）； • 材质调整（2 学时）； • 场景漫游制作（4 学时）
学习方法	• 教师讲授、演示； • 学生练习、实践
学习环境与 工具材料	• 可联网的机房； • 计算机

任务 6.1　资源修改与导出

■ 任务描述

　　本任务主要带领读者学习 3ds Max 资源处理的流程和方法，提升处理资源模型问题的能力。

任务实施

步骤 1：3ds Max 添加模型厚度。

首先，打开需要增加厚度的模型，选择"孤立当前选择"命令，如图 6-2 和图 6-3 所示。

图 6-2　选择"孤立当前选择"命令

图 6-3　被孤立的模型

选择此模型，右击出现快捷菜单。选择"转化为:"→"转化为可编辑多边形"命令，如图 6-4 所示。

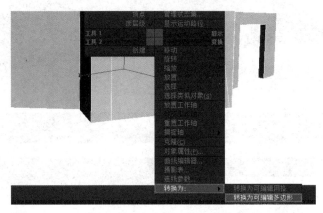

图 6-4　右击出现快捷菜单

此时需注意，图 6-5 所示的"修改器列表"下拉列表框中一定要选择"可编辑多边形"命令。在修改器列表选择"壳"命令。在"参数"选项区域修改"内部量"为 50 mm，增加模型的厚度，如图 6-5～图 6-7 所示。

图 6-5　可编辑多边形

图 6-6　选择"壳"命令

图 6-7　修改内部量参数

步骤 2：3ds Max 插件 Datasmith 导出场景。

全选模型，对模型进行导出。选择导出路径，保存文件名为 Element，保存为 UDATASMITH 格式，如图 6-8 和图 6-9 所示。

图 6-8　全选模型

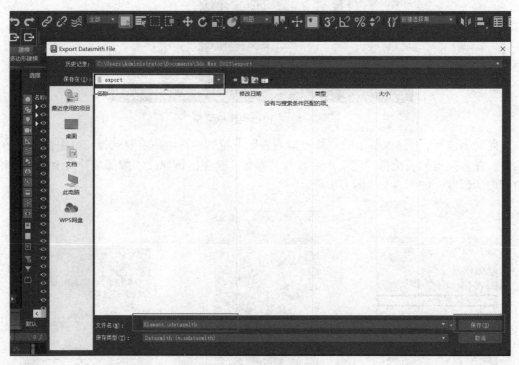

图 6-9　选择保存路径和格式

 任务工单

扫码获取室内模型资源，请根据本任务所述步骤，对模型进行修改与导出。

项目 6 的模型文件

任务 6.2　UE5 资源导入

■ **任务描述**

　　本任务将从新建项目开始，介绍资源导入 UE5 的方法，完成独立创建项目、设置项目，培养独立解决问题的能力。

任务实施

步骤 1：新建项目。

UE5 启动后，显示虚幻项目浏览器（unreal project browser）窗口界面。

接下来，为新建的项目选择存储位置并设置项目名称。因为创建酒店大堂的项目，所以将项目命名为 datang。完成设置后，单击"创建"按钮，如图 6-10 所示。创建完成后的界面如图 6-11 所示。

图 6-10　创建 datang 项目

步骤 2：项目设置。

（1）选择"编辑"→"项目设置"→"渲染"命令，打开"引擎 - 渲染"栏，如图 6-12 和图 6-13 所示。

图 6-11　创建完成后的界面

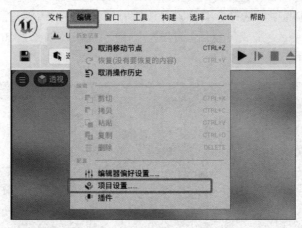

图 6-12　"项目设置"命令

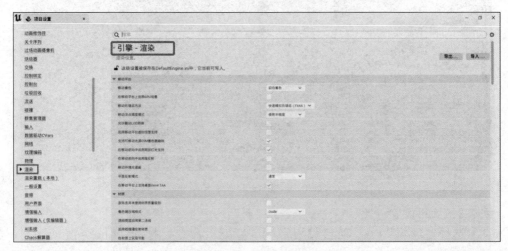

图 6-13　渲染设置

（2）把"动态全局光照方法"和"反射方法"都设置为 Lumen。

（3）开启硬件光线追踪的方法：勾选"在可能时使用硬件光线追踪"复选框。

勾选 Lumen 选项区域的"在可能时使用硬件光线追踪"复选框。硬件光线追踪可以追踪的几何体更多，性能开销最大，如图 6-14 所示。

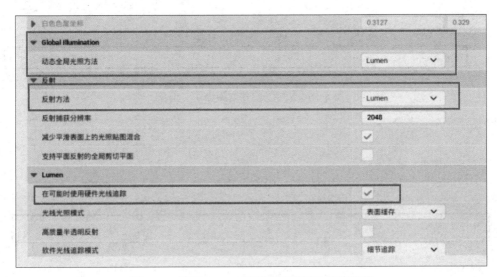

图 6-14 开启 Lumen 光照和开启硬件光线追踪

（4）勾选"启用虚拟纹理支持"复选框。

官方不要求必须勾选，但推荐勾选，如果不勾选，遇到非常大的场景，会耗费较长时间，如图 6-15 所示。

图 6-15 "启用虚拟纹理支持"选项

（5）调整阴影贴图方法。

阴影贴图方法：效果低于虚拟阴影贴图，阴影效果有锯齿效应。

虚拟阴影贴图：建议选择，选择后阴影效果更精细，提升阴影分辨率，性能开销增加，如图 6-16 所示。

（6）调整软件光线追踪模式。

细节追踪/全局追踪细节追踪：可以追踪每个网格体的距离场，进行更高品质的渲染，需要更多的性能，适用于小场景，如图 6-17 所示。

全局追踪：快速追踪全局的距离场，品质没有细节追踪高，节省性能，适用于大场景。

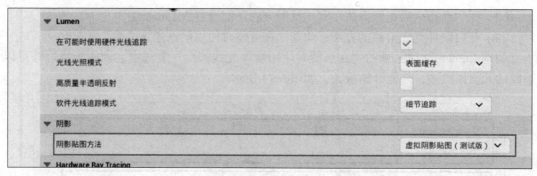

图 6-16　选择"虚拟阴影贴图"选项

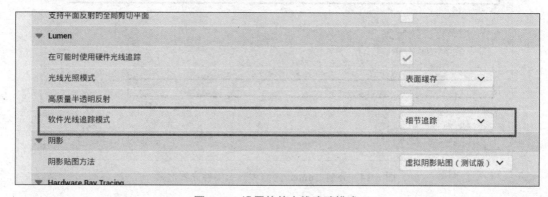

图 6-17　设置软件光线追踪模式

（7）开启网格体距离场。

启用 Lumen 全局光照，一般启用 Lumen 后系统会自动开启，如果没自动开启需要手动开启，勾选"生成网格体距离场"复选框，如图 6-18 所示。

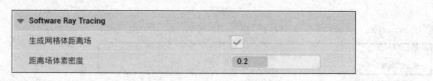

图 6-18　勾选"生成网格体距离场"复选框

（8）进行默认设置

曝光 EV 设置只适用于编辑器，一般建议选用游戏设置（视图窗口左上角位置）。关闭自动曝光：选择"编辑"→"项目设置"→"渲染"→"默认设置"命令，取消勾选"自动曝光"复选框，如图 6-19 所示。

（9）选择启动 DirectX 12。

在"项目设置"对话框左侧选择 Windows 标签，在"平台 -Windows"栏的"目标 RHI"选项区域将"默认 RHI"设置为 DirectX 12（选择 DirectX 12 能发挥出最好的效果），如图 6-20 所示。

设置好以后程序会提示重新启动，单击"立即重启"按钮，进行一次编译，请耐心等待，如图 6-21 所示。

图 6-20　启动 DirectX 12

图 6-19　勾选"游戏设置"

图 6-21　"立即重启"按钮

步骤 3：Datasmith 插件导入模型文件。

（1）在内容浏览器空白处右击，选择"新建关卡"命令，当图标出现★号时，表示内容没有保存，需要保存，如图 6-22 和图 6-23 所示。

图 6-22　新建关卡

图 6-23　未保存的★号标志

（2）单击"保存所有"按钮，弹出"保存内容"对话框，单击"保存选中项"按钮，双击 datang 关卡，进入新建的关卡中，如图 6-24 和图 6-25 所示。

（3）选择"快速添加到项目"按钮，在下拉菜单中选择 Datasmith →"文件导入"命令，如图 6-26 所示。

（4）在内容浏览器中右击"内容"文件夹，在弹出的快捷菜单中选择"新建文件夹"命令，新建一个 Mesh 文件夹，如图 6-27 和图 6-28 所示。

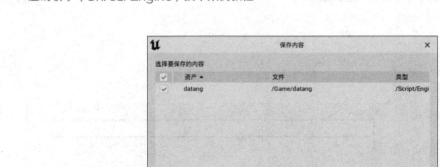

图 6-24 保存选中项

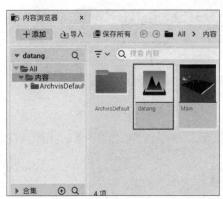

图 6-25 datang 关卡

图 6-26 导入 datang 文件

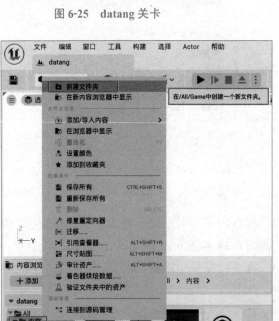

图 6-27 "新建文件夹"命令

图 6-28 新建 Mesh 文件夹

（5）选择任务 6.2 中从 3ds Max 里面导出的 Datasmith 文件 Element.udatasmith 并打开，如图 6-29 所示。

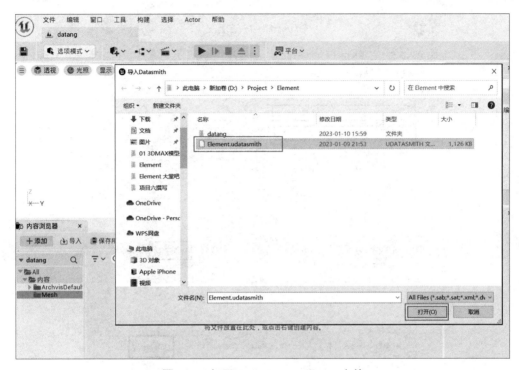

图 6-29　打开 Element.udatasmith 文件

（6）将文件导入 Mesh 文件夹中，如图 6-30 和图 6-31 所示。

图 6-30　选择导入位置

图 6-31　Mesh 文件夹

（7）"Datasmith 导入选项"对话框中仅勾选"几何体"和"材质和纹理"复选框，单击"导入"按钮，如图 6-32 所示，导入后的文件夹如图 6-33 所示。

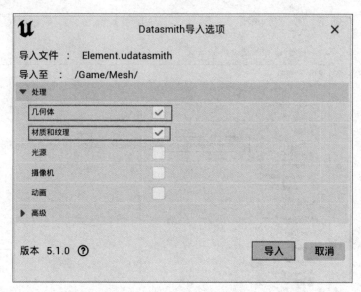

图 6-32　"处理"选项区域设置

图 6-33　导入后的文件夹

（8）可以观察到场景内容已被导入，但场景一片漆黑，原因在于场景缺少光源。选择将光照切换为无光照模式，如图 6-34 和图 6-35 所示。

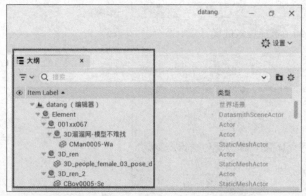

图 6-34　放入场景的模型在大纲中的显示

图 6-35　切换为无光照模式

可以看到场景已经被导入并成功显示，如图 6-36 所示。

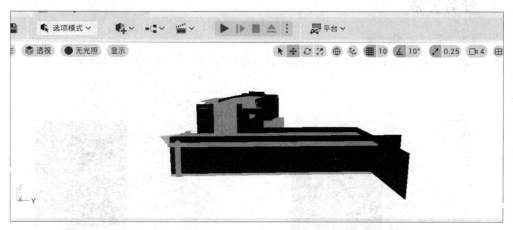

图 6-36 场景导入成功

 任务工单

根据本任务所述步骤，新建一个项目并对项目进行设置。

任务 6.3 室内灯光布置

■ 任务描述

本任务将带读者学习在 UE5 里设置室内不同灯光的技巧和方法，以便根据不同的项目需求布置灯光，提升审美方面的素养。

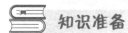 知识准备

UE5 中灯光分类及作用如表 6-1 所示。

表 6-1 UE5 中灯光分类及作用

灯光分类	概　念	作　用
天空光照	虚幻的 SkyLight，即大气层的反弹光	铺垫整体亮度，保证暗部没有死黑
辅助光	一般指太阳光或射光，分为两类：硬太阳和软太阳。 常用方法：定向光源，聚光源，矩形光源	模拟太阳光或太阳透过云层的映射光，照明主家具或重要区域的光影层次和明暗对比，确保做到亮且不曝光过度，呈线性下划线进入室内
氛围光	一般指台灯、壁灯、灯带等	烘托局部氛围，塑造暖光气氛点缀
补光	常用手段	补照明不足的区域或不完整的空间

虚幻引擎（Unreal Engine）技术案例教程

 任务实施

步骤 1：天空光照设置。

（1）创建天空光照和定向光源，使关卡有基础光照，如图 6-37 和图 6-38 所示。

图 6-37　创建天空光照

图 6-38　创建定向光源

（2）整理大纲视图，在大纲中新建文件夹 Light，用来存放灯光文件；新建文件夹 Mesh，用来存放模型文件，如图 6-39 和图 6-40 所示。

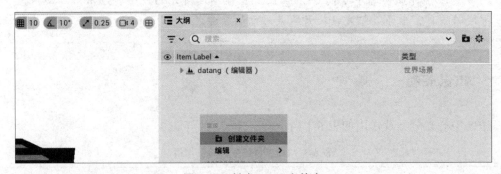

图 6-39　创建 Light 文件夹

（3）选中 SkyLight，在"细节"面板中将"移动性"设置为"可移动"，"光源"选项区域中的"源类型"设置为"SLS 指定立方体贴图"，指定立方体贴图，如图 6-41 所示。

（4）在内容浏览器新建 Texture 文件夹，导入 meadow_4k.hdr 文件，如图 6-42 和图 6-43 所示。

（5）将导入的文件指定为立方体贴图，如图 6-44 ～图 6-46 所示。

图 6-40 创建 Mesh 文件夹

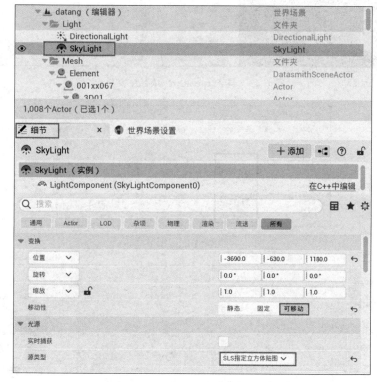

图 6-41 "细节"面板设置光源属性

图 6-42 内容浏览器新建 Texture 文件夹

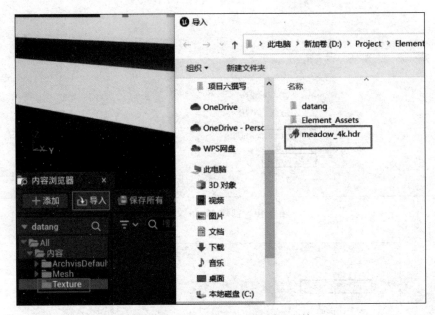

图 6-43 导入 meadow_4k.hdr 文件

图 6-44 SkyLight 细节面板

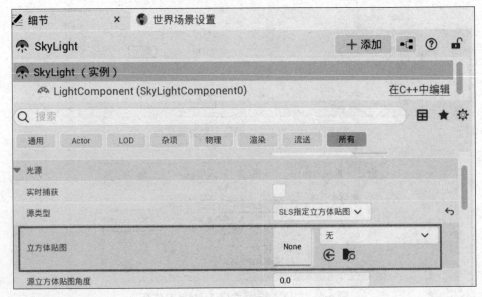

图 6-45 "立方体贴图"选项

图 6-46 指定贴图

步骤 2: 设置窗外环境贴图。

（1）在 Texture 文件夹中导入 bfa.jpg 贴图文件，如图 6-47 所示。

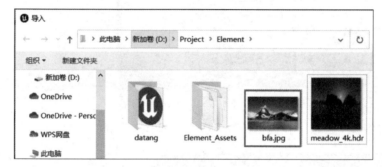

图 6-47 导入 bfa.jpg 贴图文件

（2）在大纲视图选中"背景"模型，在"细节"面板中双击 24_-_Default 材质球，单击图中 texture 节点，如图 6-48 ～图 6-50 所示。

图 6-48 选中"背景"模型

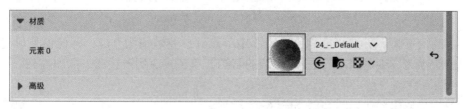

图 6-49 双击 24_-_Default 材质球

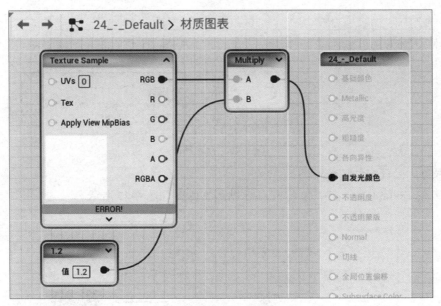

图 6-50　单击 texture 节点

（3）在"细节"面板中找到"材质表达式纹理 Base"选项区域，如图 6-51 所示。

图 6-51　材质表达式纹理 Base

（4）指定贴图，并选择应用，选中图中节点并设置数值为 0.68，降低窗外景的亮度，设置材质类型为"半透明"，减少对光线的阻挡，单击"应用"按钮，如图 6-52 ～图 6-54 所示。

更改前后效果对比如图 6-55 和图 6-56 所示。

图 6-52 指定并应用贴图

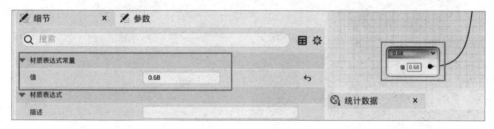

图 6-53 更改节点数值为 0.68

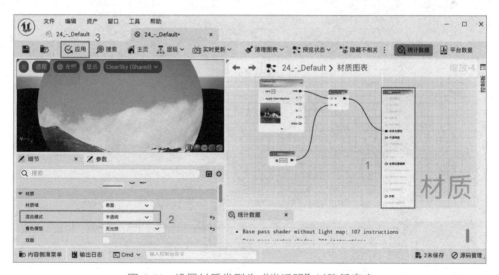

图 6-54 设置材质类型为"半透明"以降低亮度

步骤 3：创建平行光。

选中 DirectionalLight 灯光，在"细节"面板的"通用"模块中调整太阳光的位置，以便于调整并观察灯光的变化。按住 Ctrl+L 组合键并拖动鼠标调整太阳光方向，如图 6-57～图 6-59 所示。

图 6-55

图 6-55　更改前效果

图 6-56

图 6-56　更改后效果

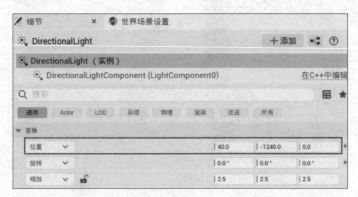

图 6-57　选中 **DirectionalLight** 灯光并调整太阳光位置

步骤4：添加后期处理体积 PostProcessVolume。

单击"快速添加到项目"按钮，在下拉列表中选择"体积"→ PostProcessVolume 命令，如图 6-60 和图 6-61 所示。

图 6-58

图 6-58 按住 Ctrl+L 组合键并拖动鼠标调整太阳光方向

图 6-59

图 6-59 使阳光从门口照射进来

图 6-60 选择 PostProcessVolume 命令

191

图 6-61　选中 **PostProcessVolume**

在后期处理体积中勾选"计量模式""曝光补偿"及 Min EV100 和 Max EV100 复选框，将计量模式设置为"自动曝光柱状图"，其他三项数值都设置为 1。这是为了固定曝光度，使镜头不会随着场景亮度而变亮变暗，以便于后面的打光。开启全局光照和反射为 Lumen；"Lumen 场景光照质量"和"最终采集质量"的值越高，噪点越少，性能开销越大；如果项目场景过大，可以在后期处理体积中开启无限范围功能，如图 6-62 ～图 6-64 所示。

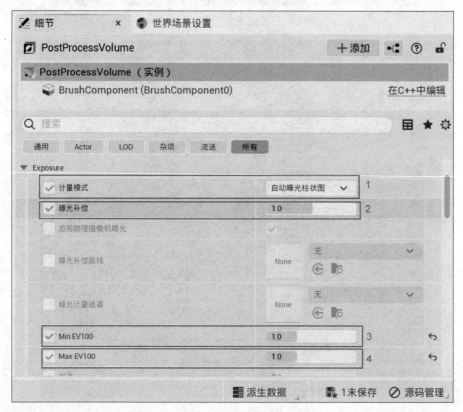

图 6-62　修改曝光

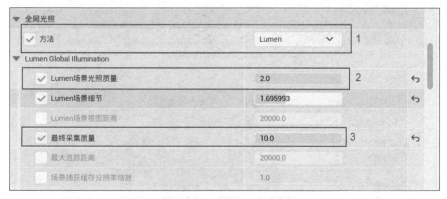

图 6-63　设置全局光照"方法"为 Lumen

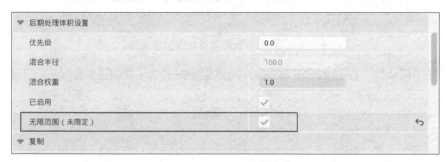

图 6-64　开启无限范围功能

步骤 5：氛围光添加。

（1）添加矩形光源，单击"添加"按钮，在下拉列表中选择"光源"→"矩形光源"命令，如图 6-65 所示。

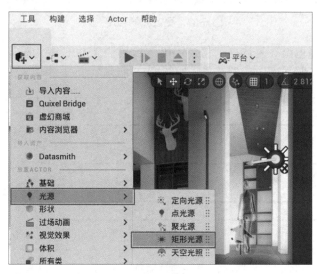

图 6-65　添加矩形光源

（2）选中矩形光源，在"细节"面板中，将"挡光板角度"和"挡光板长度"设置为 0，如图 6-66 所示。

图 6-66　更改矩形光源挡光板参数设置

（3）将"移动性"设置为"可移动"，光源强度设置为 6.0 cd，如图 6-67 所示。

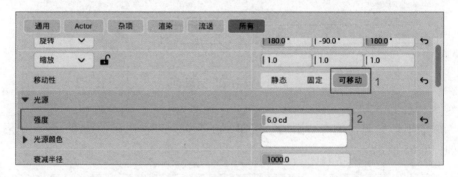

图 6-67　更改光源强度

（4）勾选"使用色温"复选框，将"温度"设置为 4500，变为暖光，如图 6-68 所示。

（5）将"间接光照强度"设置为 6，如图 6-68 所示。

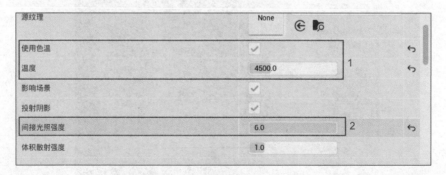

图 6-68　更改色温和间接光照强度

（6）按住 Alt 键并单击拖动复制一盏灯，放到如图 6-69 所示位置，修改光源"强度"为 8，"源宽度"为 721，"源高度"为 168，如图 6-70 所示。

图 6-69

图 6-69 灯光 1 在视图中的位置

图 6-70 修改"源宽度"和"源高度"

（7）按住 Alt 键并单击复制灯光 2，相关参数设置如图 6-71 所示。

图 6-71 灯光 2 变换位置参数

（8）按住 Alt 键并单击复制灯光 3，相关参数设置如图 6-72 所示。

（9）按住 Alt 键并单击复制灯光 4，位置及参数设置如图 6-73 和图 6-74 所示。

（10）复制灯光 5，位置及参数设置如图 6-75 和图 6-76 所示。

（11）复制灯光 6，位置及参数设置如图 6-77 和图 6-78 所示。

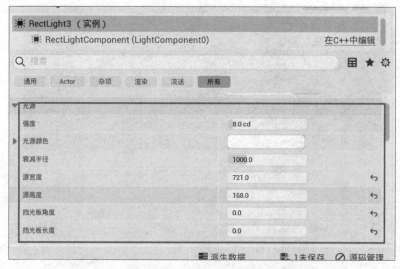

图 6-72　灯光 3 修改参数

图 6-73

图 6-73　灯光 4 在视图中的位置

图 6-74　灯光 4 变换参数

图 6-75

图 6-75　灯光 5 在视图中的位置

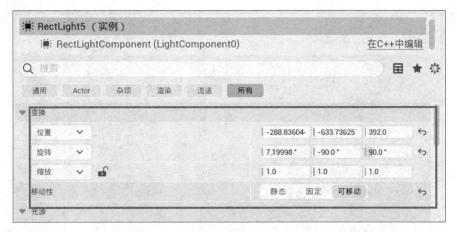

图 6-76 灯光 5 变换参数

图 6-77 灯光 6 在视图中的位置

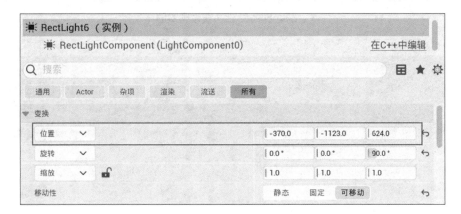

图 6-78 灯光 6 变换参数

（12）复制灯光 7，按住 Ctrl 键和鼠标中键，可以向前切换到顶视图，如图 6-79 ～
图 6-81 所示。灯光效果如图 6-82 所示，相关参数如图 6-83 和图 6-84 所示。

图 6-79

图 6-79　复制灯光 7

图 6-80

图 6-80　灯光 7 在视图中的位置

图 6-81

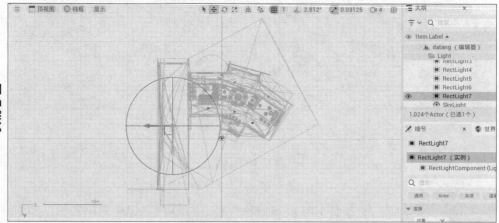

图 6-81　顶视图

图 6-82

图 6-82 灯光 7 效果

变换			
位置 ∨	-961.0	-251.0	397.0
旋转 ∨	180.0°	-90.0°	180.0°
缩放 ∨ 🔓	1.0	1.0	1.0
移动性	静态 固定 可移动		
光源			
强度	20.0 cd		

图 6-83 灯光 7 位置、旋转参数

光源	
强度	20.0 cd
▶ 光源颜色	
衰减半径	1000.0
源宽度	2400.0
源高度	493.0

图 6-84 灯光 7 "源宽度""源高度"参数

（13）复制灯光 8，位置及参数设置如图 6-85～图 6-87 所示。

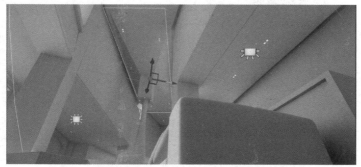

图 6-85

图 6-85 灯光 8 在视图中的位置

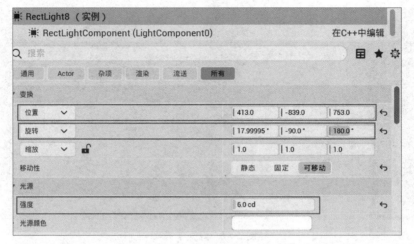

图 6-86 灯光 8 "位置" "旋转" "强度" 参数

图 6-87 灯光 8 "源宽度" "源高度" 参数

步骤 6：添加聚光灯。

（1）单击"添加"按钮，在下拉列表中选择"光源"→"聚光源"命令，添加聚光灯，如图 6-88 所示。

（2）在大纲中选择聚光灯，拖动到 Light 文件夹，如图 6-89 和图 6-90 所示。

图 6-88 添加聚光灯

图 6-89 将聚光灯拖动到 Light 文件夹

图 6-90

图 6-90   聚光灯 1

（3）设置"位置"为（x：376，y：-873，z：504）、"移动性"为"可移动"。修改光源"强度"为 25cd、"衰减半径"为 590。勾选"使用色温"复选框，设置"温度"为 4500、"间接光照强度"为 6，如图 6-91 和图 6-92 所示。

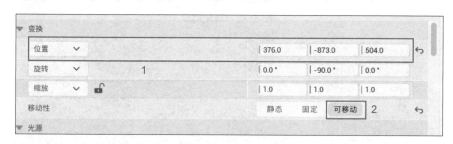

图 6-91   修改位置和移动性

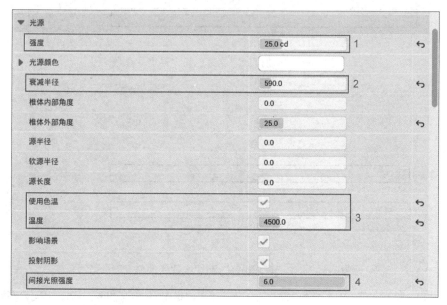

图 6-92   修改灯光参数

（4）添加聚光灯2，设置"位置"为（x：1011，y：−474，z：561）、光源"强度"为20cd、衰减半径为840、锥体外部角度为30，如图6-93～图6-95所示。

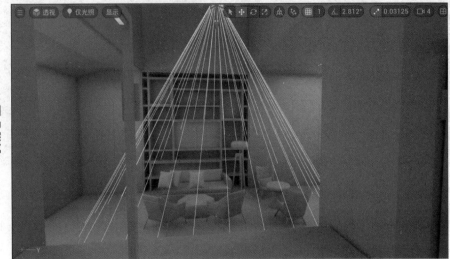

图 6-93

图 6-93　聚光灯2

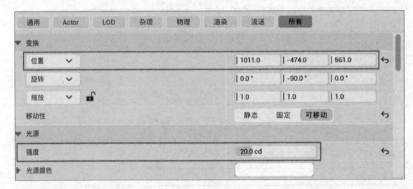

图 6-94　修改灯光"位置"和"强度"参数

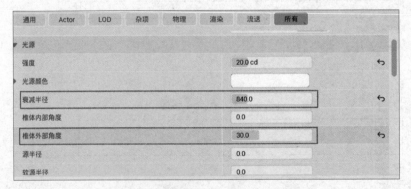

图 6-95　修改"衰减半径"和"锥体外部角度"参数

（5）添加聚光灯，导入IES文件。在内容浏览器中新建文件夹IES，单击"导入"按钮，找到4个IES文件，全部导入IES文件夹中，如图6-96～图6-98所示。

图 6-96　聚光灯 3

图 6-96

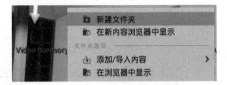

图 6-97　在内容浏览器新建 IES 文件夹

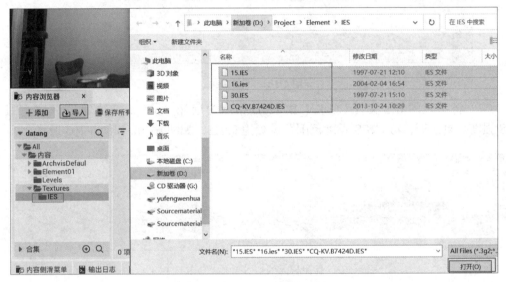

图 6-98　导入 4 个 IES 文件

（6）调整聚光灯位置为（x：533，y：-592，z：303），设置"衰减半径"为 180、"锥体内部角度"为 16、"锥体外部角度"为 70，勾选"使用色温"复选框，"温度"设置为 5000，如图 6-99～图 6-101 所示。

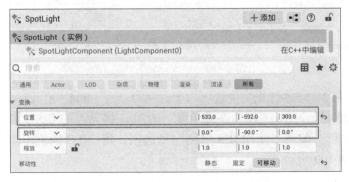

图 6-99　修改灯光位置和旋转角度

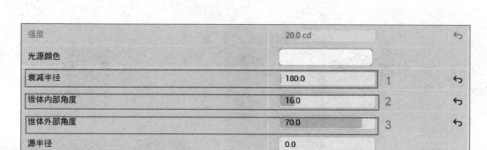

图 6-100　修改衰减半径、锥体内外部角度

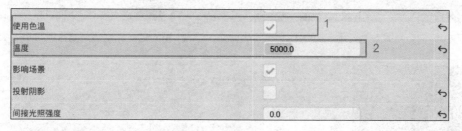

图 6-101　修改色温

（7）将导入的 IES 文件 CQ-KV_B7424D 指定为聚光灯的"IES 纹理"，勾选"使用 IES 强度"复选框，将"IES 强度范围"设置为 0.018，如图 6-102 和图 6-103 所示。

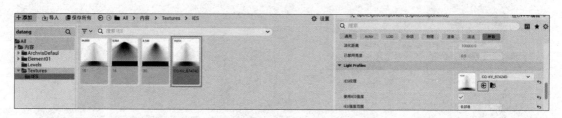

图 6-102　使用导入的 IES 文件 CQ-KV_B7424D

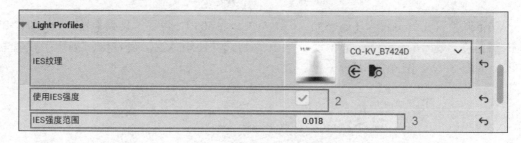

图 6-103　修改灯光各参数 1

（8）复制灯光 2，修改灯光"位置"为（x：672，y：−804，z：286）、"衰减半径"为 336、"锥体内部角度"为 16、"锥体外部角度"为 38，将导入的 IES 文件"16"指定为聚光灯的"IES 纹理"，勾选"使用 IES 强度"复选框，将"IES 强度范围"设置为 0.012，如图 6-104～图 6-109 所示。

图 6-104

图 6-104　复制的灯光 2

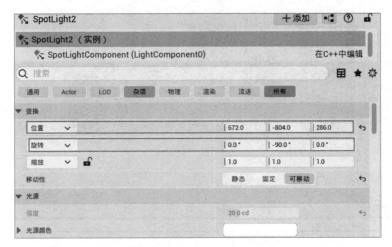

图 6-105　修改灯光 2 的位置和旋转角度

图 6-106　修改灯光 2 的衰减半径、锥体内外部角度

图 6-107　选中 IES 文件"16"

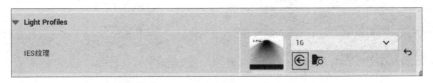

图 6-108　将 IES 文件"16"指定为"IES 纹理"

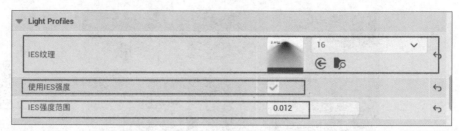

图 6-109　修改灯光各参数 2

（9）建立灯光 3，位置为（x：22，y：−751，z：302），如图 6-110 和图 6-111 所示。

图 6-110

图 6-110　灯光 3

图 6-111　修改灯光 3 位置

（10）建立灯光 4，位置为（x：28，y：−1182，z：311），如图 6-112 和图 6-113 所示。

图 6-112

图 6-112　灯光 4

图 6-113　修改灯光 4 位置

步骤 7：添加灯带。

（1）创建矩形光源，设置位置为（x：-316，y：-510，z：409）、旋转角度为（x：180°，y：-90°，z：180°）、"移动性"为"可移动"、光源"强度"为 1cd、"源宽度"为 12、"源高度"为 615，勾选"使用色温"复选框，"温度"数值设置为 3500，"间接光照强度"设置为 4，如图 6-114～图 6-118 所示。

图 6-114　创建矩形光源作为灯带

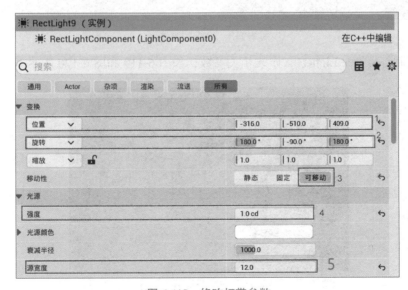

图 6-115　修改灯带参数

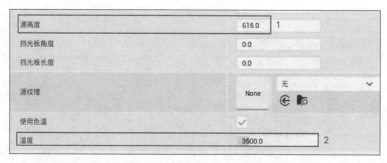

图 6-116　修改灯带源高度和色温

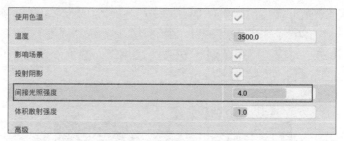

图 6-117　修改灯带间接光照强度

图 6-118

图 6-118　灯带效果展示

（2）复制灯带 RectLight11，修改相关参数，如图 6-119 和图 6-120 所示。

图 6-119

图 6-119　灯带 RectLight11

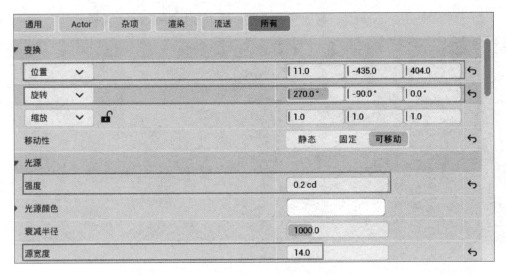

图 6-120　修改灯带 RectLight11 参数

（3）复制灯带 RectLight12，修改相关参数，如图 6-121 和图 6-122 所示。

图 6-121

图 6-121　灯带 RectLight12

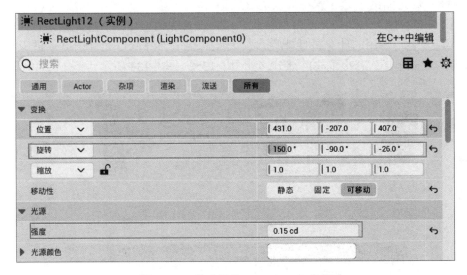

图 6-122　修改灯带 RectLight12 参数

（4）复制灯带 RectLight13，修改相关参数，如图 6-123 和图 6-124 所示。

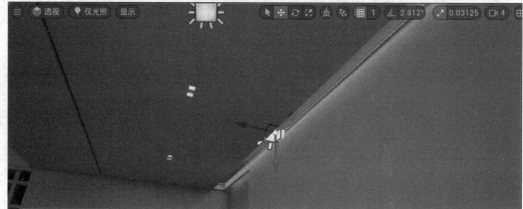

图 6-123　灯带 RectLight13

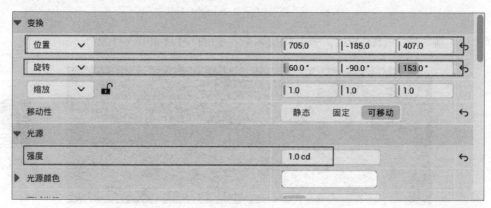

图 6-124　修改灯带 RectLight13 参数

步骤 8：灯光优化。

按 Alt+7 组合键进入到灯光复杂度模式，以便检查和调整灯光。灯光效果越偏向紫色，代表灯光越复杂，占用的计算机性能更多，因此需要适当降低灯光复杂度。进入顶视图，调整光源的衰减半径，减小重叠的部分，如图 6-125 ～图 6-133 所示。

图 6-125

图 6-125　灯光复杂度模式

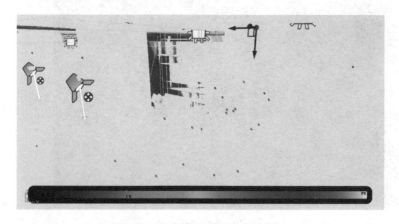

图 6-126　室内灯光复杂度检查 1

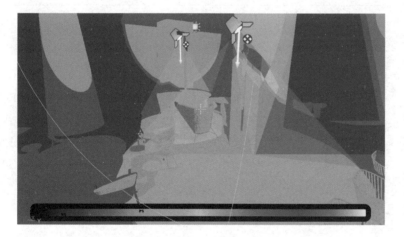

图 6-127　室内灯光复杂度检查 2

图 6-128　室内灯光复杂度检查 3

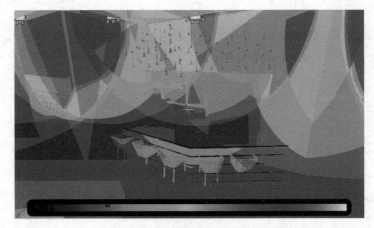

图 6-129　室内灯光复杂度检查 4

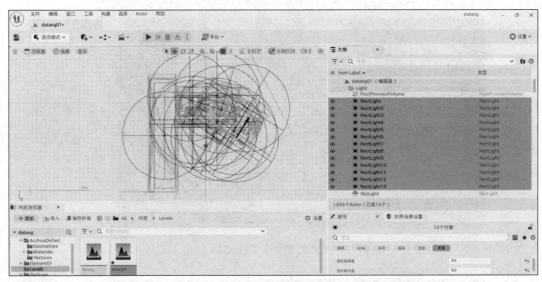

图 6-130　顶视图视角 1

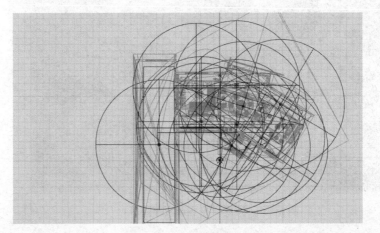

图 6-131　顶视图视角 2

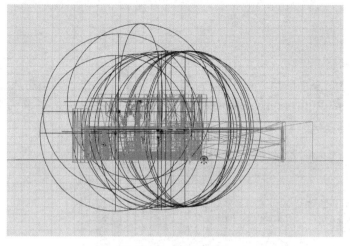

图 6-132

图 6-132　侧视图视角

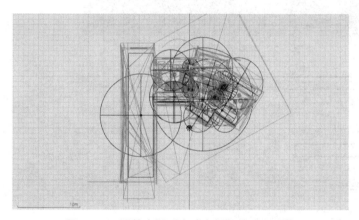

图 6-133

图 6-133　调整光源"衰减半径"并减小重叠

 任务工单

根据本任务中所述步骤，完成灯光练习，尝试改变灯光的各种设置以及位置，看看灯光对空间氛围的影响。

任务 6.4　材 质 调 整

■ 任务描述

本任务将带读者掌握在 UE5 里不同物体材质的调整技巧，以提升对空间物体材质的搭配和调整能力。

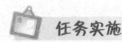任务实施

步骤 1：桌面材质调整。

如图 6-134 所示，木纹桌面的反光过于强烈，选中"桌面"模型，双击材质球 wood-1 进入材质编辑器，将参数 Reflection_Glossiness（5）（反射光泽度）的值修改为 0.75，如图 6-134 ～图 6-138 所示。

图 6-134

图 6-134　修改前桌面反光过于强烈

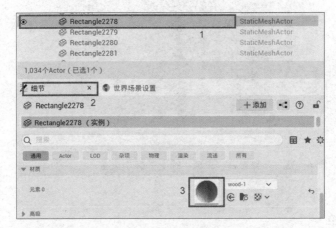

图 6-135　选中"桌面"模型并双击材质球

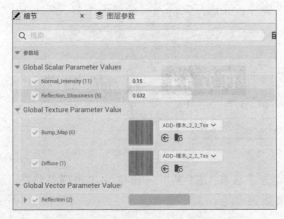

图 6-136　进入"材质"编辑器

214

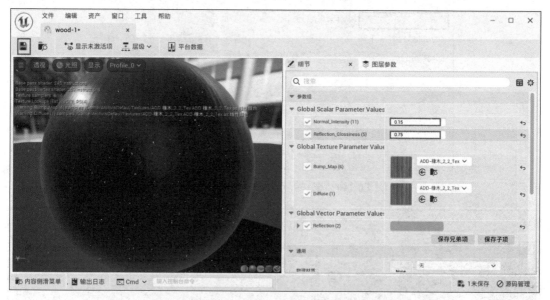

图 6-137　修改参数 1

图 6-138

图 6-138　桌面材质修改参数后效果

步骤 2：金属材质调整。

选中"金属"模型，双击材质球 bxg-jj 进入"材质"编辑器，将参数 Reflection_Glossiness（5）（反射光泽度）的值修改为 0.9，如图 6-139～图 6-141 所示。

图 6-139

图 6-139　选中"金属"模型

虚幻引擎（Unreal Engine）技术案例教程

图 6-140　在"细节"面板中双击材质球

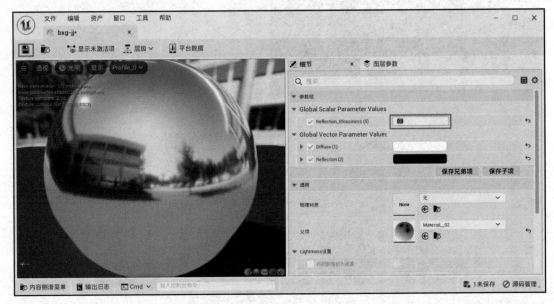

图 6-141　修改参数 2

步骤 3：地砖材质调整。

地砖材质调整，选中"地砖"模型，双击材质球进入"材质"编辑器，将参数 Normal_Intensity（29）（法线强度）的值修改为 −0.8，Reflection_Glossiness（14）（反射光泽度）的值修改为 0.65，如图 6-142 所示。效果如图 6-143 和图 6-144 所示。

图 6-142　修改地砖材质的参数

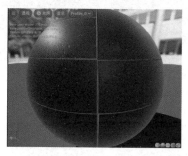

图 6-143 修改前效果

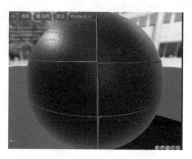

图 6-144 修改后效果

图 6-143

图 6-144

修改地砖材质前后对比如图 6-145 和图 6-146 所示。

图 6-145 地砖材质修改前

图 6-145

图 6-146 地砖材质修改后

图 6-146

步骤 4：火材质调整。

在大纲视图选中"火"模型，进入"材质"编辑器，再双击进入父材质，fire 在细节栏里，将混合模式改为 Additive（添加），如图 6-147 ~ 图 6-151 所示。

图 6-147 选中"火"模型

图 6-147

图 6-148　双击进入"材质"编辑器

图 6-149　双击进入父材质

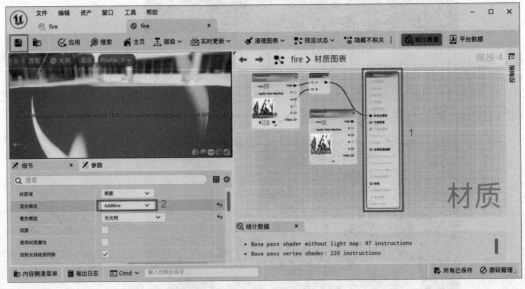

图 6-150　将基础节点的混合模式改为 Additive（添加）

图 6-151

图 6-151　修改后效果 1

选中"烟囱钢"模型，双击材质球 Charcoal-dan22 进入"材质"编辑器，将参数 Normal_Intensity（41）（法线强度）的值修改为 0.1，Reflection_ColorMap_Weight（23）（反射光泽度）的值修改为 2.0，如图 6-152 ～图 6-155 所示。

图 6-152　选中"烟囱钢"模型

图 6-153　双击进入"材质"编辑器

图 6-154　修改材质球参数

步骤 5：玻璃材质调整。

选中"玻璃"模型，双击材质球进入"材质"编辑器。在"细节"面板的"材质"选项区域中勾选"双面"复选框，如图 6-156 ～图 6-159 所示。

图 6-155

图 6-155　修改后效果 2

图 6-156

图 6-156　"玻璃"模型 1

图 6-157

图 6-157　"玻璃"模型 2

图 6-158

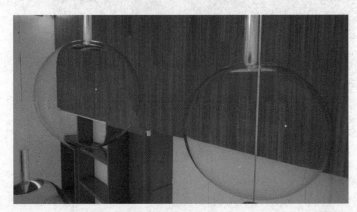

图 6-158　选中"玻璃"模型并双击材质球进入"材质"编辑器

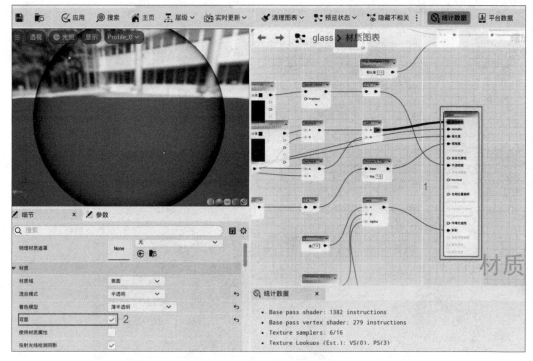

图 6-159 勾选"双面"复选框

选择"PostProcessVolume（实例）"（后期处理体积）命令，在 Lumen Reflections 选项区域中勾选"质量"复选框，将值修改为 2；勾选"光线光照模式"复选框并修改为"反射的命中光照"；勾选"高质量半透明反射"复选框，如图 6-160 所示。

图 6-160 修改"PostProcessVolume（实例）"（后期处理体积）的参数

修改后效果如图 6-161 ～图 6-163 所示。

图 6-161

图 6-162

图 6-161　玻璃材质修改后效果 1

图 6-162　玻璃材质修改后效果 2

图 6-163

图 6-163　玻璃材质修改后效果 3

 任务工单

根据本任务所述步骤，完成木纹、金属、地砖、火、玻璃 5 种不同材质的练习。

任务 6.5　场景漫游制作

■ 任务描述

本任务将带读者学习在 UE5 里快速制作场景漫游的方法，提升关于场景输出和设计镜头等方面的能力。

 任务实施

步骤 1：整理文件。

（1）在资源管理器中的"内容"文件夹下新建文件夹，命名为 Sequence，用于存放关卡序列文件，如图 6-164 所示。

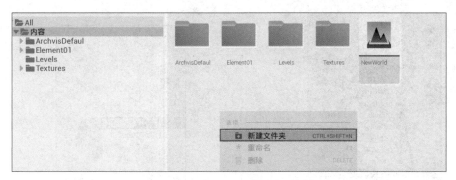

图 6-164 新建 Sequence 文件夹

（2）添加关卡序列，文件命名为 Sc_01，保存到 Sequence 文件夹内，如图 6-165 和图 6-166 所示。

图 6-165 添加关卡序列

图 6-166 保存到 Sequence 文件夹内

（3）在"大纲"面板中创建文件夹，命名为 Sequence，用于存放关卡序列文件。将关卡序列 Sc_01 拖动到这个文件夹中，如图 6-167 ～图 6-169 所示。

图 6-167 在"大纲"面板中新建 Sequence 文件夹

图 6-168　整理大纲

图 6-169　将 Sc_01 放入 Sequence 文件夹

步骤 2：添加摄像机。

单击"创建摄像机"按钮，时间设置为 25 fps，将时间显示为"秒"，如图 6-170 ～图 6-172 所示。

图 6-170　单击"创建摄像机"按钮

图 6-171　设置帧率为 25fps

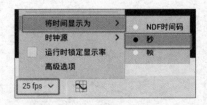

图 6-172　将时间显示为"秒"

步骤3：创建场景。

（1）单击"摄像机"按钮激活摄像机视图，如图6-173和图6-174所示。

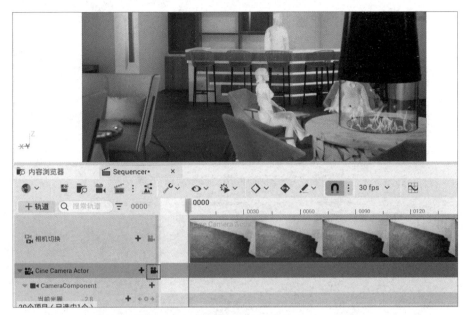

图 6-173　单击"摄像机"按钮

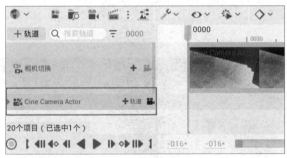

图 6-174　激活摄像机视图

图 6-175

（2）展开摄像机 Transform →"位置"选项区域，在"位置"右侧单击"+"按钮，在 0 帧添加关键帧，如图 6-175 和图 6-176 所示。

图 6-175　摄像机视图

图 6-176　单击框里的"+"按钮添加关键帧

（3）当前时间指示器移动到 75 帧，配合键盘 W、S、A、D 键调整视图，再次添加关键帧，如图 6-177～图 6-179 所示。

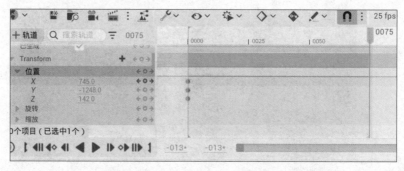

图 6-177　当前时间指示器移动到 75 帧

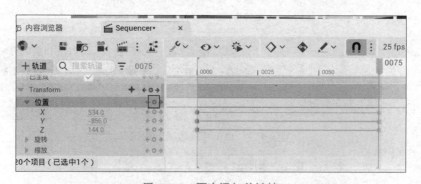

图 6-178　再次添加关键帧

图 6-179　调整视图

（4）添加关卡序列 Sc_02，保存到文件夹 Sequence，调整"当前焦距"为 24，如图 6-180～图 6-182 所示。

图 6-180　添加关卡序列 Sc_02

（5）新建摄像机，激活摄像机，摆好摄像机视图，分别在"位置"和"旋转"右侧单击"+"按钮，在 0 帧添加关键帧。然后调整好摄像机结束视图，在 75 帧位置添加关键帧，如图 6-183～图 6-187 所示。

226

图 6-181 保存到 Sequence 文件夹 1

图 6-182 修改 Sc_02 焦距为 24

图 6-183 新建摄像机

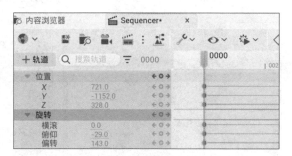

图 6-184 展开摄像机"位置"和"旋转"选项区域

图 6-185

图 6-185 摆好摄像机视图

图 6-186 添加关键帧

图 6-187　在 75 帧位置添加关键帧并调整结束视图

（6）添加关卡序列 Sc_03，关卡序列设置同上，如图 6-188 ～图 6-195 所示。

图 6-188　添加关卡序列 Sc_03

图 6-189　保存到 Sequence 文件夹 2

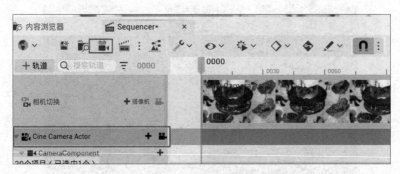

图 6-190　激活摄像机

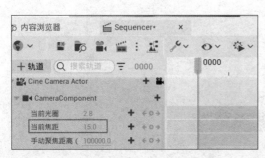

图 6-191　修改 Sc_03 焦距为 15

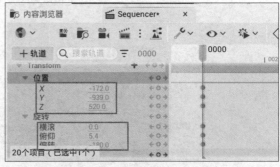

图 6-192　在"位置"和"旋转"右侧单击
"+"按钮添加关键帧

图 6-193　摄像机开始视图

图 6-193

图 6-194　摄像机结束视图

图 6-194

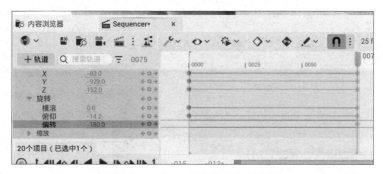

图 6-195　在 75 帧位置添加关键帧

（7）添加关卡序列 Sc_04，并设置视图，如图 6-196 ～图 6-199 所示。

图 6-196　添加关卡序列 Sc_04 于 Sequence 文件夹中

图 6-197　整理大纲

229

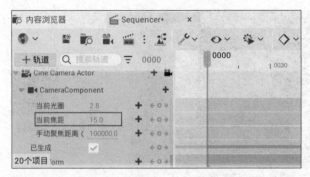

图 6-198　修改 Sc_04 焦距为 15　　　　　　图 6-199　制作关键帧动画

（8）新建主序列 Master，更改帧率为 25 fps，如图 6-200 和图 6-201 所示。

图 6-200　主序列 Master　　　　　　图 6-201　更改帧率为 25fps

（9）在主序列依次添加 Sc_01、Sc_02、Sc_03、Sc_04，如图 6-202～图 6-207 所示。

图 6-202　主序列添加镜头轨道　　　　　　图 6-203　添加 Sc_01

（10）添加音乐。

在内容浏览器新建 Music 文件夹，用于存放声音文件。单击"导入"按钮，将文件 ue5.wav 保存到 Music 文件夹。单击"保存所有"按钮，如图 6-208～图 6-212 所示。

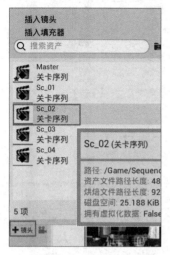

图 6-204　添加 Sc_02

图 6-205　添加 Sc_03

图 6-206　添加 Sc_04

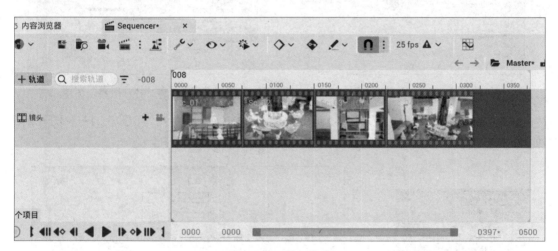

图 6-207　添加完成

图 6-208　内容浏览器新建文件夹

图 6-209　文件夹命名为 Music

231

图 6-210　导入 ue5.wav 音乐文件

图 6-211　导入到 Music 文件夹

图 6-212　单击"保存所有"按钮

（11）添加音频轨道，选择"轨道"→"音频轨道"命令，如图 6-213 ～图 6-215 所示。

图 6-213　添加音频轨道

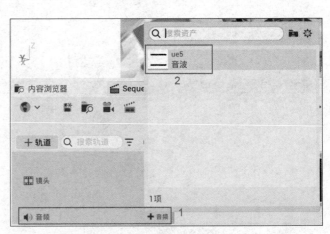

图 6-214　单击"+ 音频"按钮找到 ue5 音波

拖动音频移动到合适位置，如图 6-216 所示。

设置音频淡入淡出，在 0 帧时设置关键帧音频大小为 0，在 10 帧时设置关键帧音频为 1，在 305 帧设置关键帧音量为 1，在 315 帧时设置关键帧为 0，如图 6-217 ～图 6-220 所示。

图 6-215 将音波 ue5 加入音频轨道

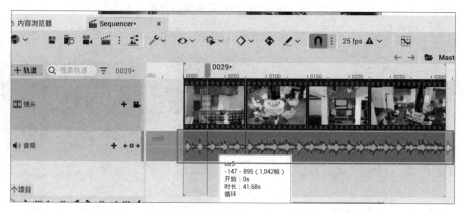

图 6-216 拖动音频移动到合适位置

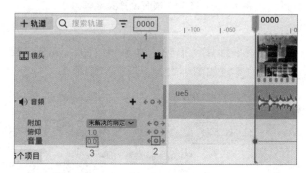

图 6-217 在 0 帧时设置关键帧音频为 0

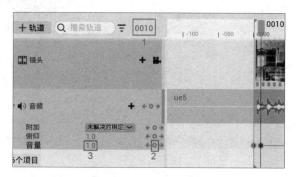

图 6-218 在 10 帧时设置关键帧音频为 1

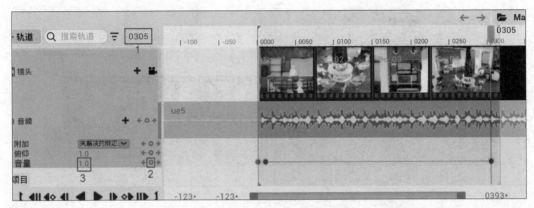

图 6-219　在 305 帧时设置关键帧音量为 1

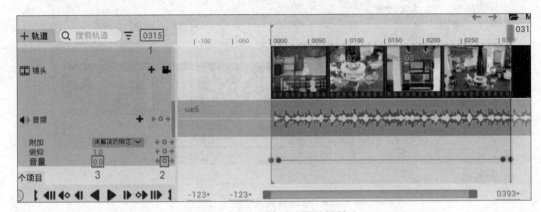

图 6-220　在 315 帧时设置关键帧为 0

步骤 4：输出影片。

关卡序列准备完毕开始渲染影片，单击"渲染"按钮，如图 6-221 所示。在"渲染影片设置"对话框中设置的相关参数如图 6-222 所示，最后单击"捕获影片"按钮。

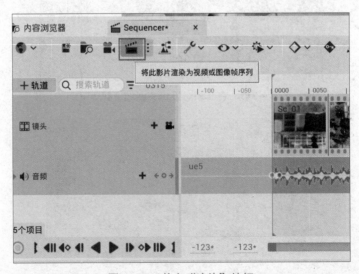

图 6-221　单击"渲染"按钮

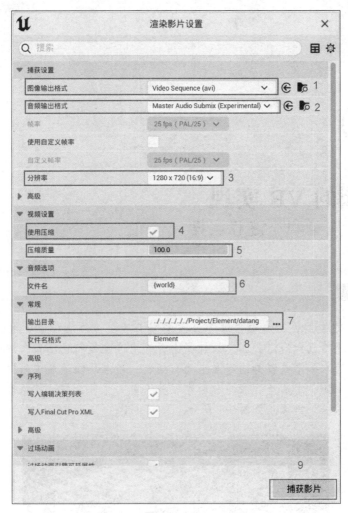

图 6-222　修改"渲染影片设置"的参数

 任务工单

根据本任务中所述步骤，完成摄像机和关卡序列设置、输出影片。

项目7

海洋公园的 VR 实现

——Lumen 渲染和全流程实操

项目导读

　　本项目采用的案例为上海海昌海洋公园度假酒店。该酒店位于上海临港新城滴水湖畔，定位为世界级第五代海洋公园，设计突出极地海洋主题特色。整个酒店犹如一座海洋宫殿，从蔚蓝的海水、形色各异的海洋生物、植物、沙滩、漂流瓶中采撷灵感作为设计元素，并以海豚、企鹅、海葵鱼、海马与珊瑚、美人鱼为主题，打造特色客房，将海洋主题融入到了酒店的每一个角落，如图 7-1 所示。

图 7-1　上海海昌海洋公园度假酒店

　　本项目在海昌海洋公园度假酒店的入口大堂场景做了一个全流程的案例讲解：由 3ds Max 导入 UE5 开发环境中，内容包括对下载模型的前期处理和优化、模型导入 UE5 的方法、后期灯光和渲染的设置、模型碰撞交互，以及导出的设置。因为大型场景总是会很占用资源，所以本项目会讲解如何对场景模型进行优化，使项目运行时更加流畅。UE5 最大的亮点是支持实时渲染的 Lumen。Lumen 的引入使得 UE5 在实时渲染方面取得巨大的进步，为开发者提供了更加强大和灵活的工具，帮助创作出更加逼真和生动的虚拟现实效果，让设计师告别了漫长的渲染和无休止的修改。本项目将使用 Lumen 渲染，从模型开始持续到打包。

项目任务书

建议学时	12 学时
知识目标	• 了解项目在 UE5 中操作的基本流程； • 掌握文件的导入与导出方法； • 掌握 3ds Max 资源处理方法； • 掌握室内灯光布置方法； • 掌握材质调整方法； • 掌握后期处理体积调整方法； • 掌握碰撞设置方法
能力要求	• 能够在 UE5 中熟练操作 3ds Max 资源的导入与导出； • 能够发现和解决模型在导入时出现的问题； • 能够根据项目的特点和需求，在 UE5 中布置灯光； • 能够根据项目中使用的材质，在 UE5 中进行调整制作
项目任务	• 3ds Max 资源的修改与导出（2 学时）； • UE5 资源导入（1 学时）； • 灯光的布置（2 学时）； • 物体材质的制作（2 学时）； • 后期处理体积（1 学时）； • 设置碰撞（2 学时）； • 打包输出（2 学时）
学习方法	• 教师讲授、演示； • 学生练习、实践
学习环境与 工具材料	• 可联网的机房； • 计算机； • VR 设备：PC 或一体机，可分组使用一套设备

任务 7.1　3ds Max 资源的修改与导出

■ 任务描述

　　本任务主要带读者学习 3ds Max 资源处理的流程和方法，提升处理资源模型问题的能力。

任务实施

　　步骤 1：清理模型。

　　打开模型后，先使用"渲梦扮家家"插件的"开始体检"功能，罗列出这个模型的一系列问题，如图 7-2 所示。

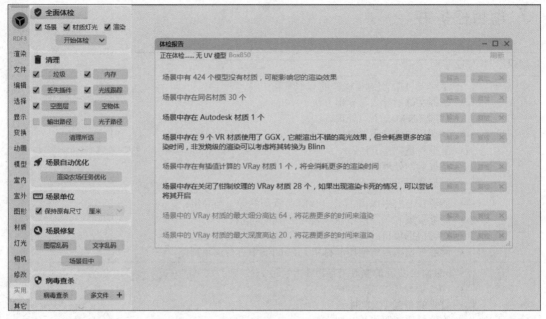

图 7-2　体检功能

　　找到这些问题以后依次解决处理。重点处理置换、UV 丢失、插件丢失等问题。选择丢失 UV 贴图的模型，单击"解决"按钮，选中全部缺少 UV 的模型，在修改栏里统一添加"UVW 贴图"修改器，选中"长方体"单选按钮，如图 7-3 和图 7-4 所示。

图 7-3　添加"UVW 贴图"修改器

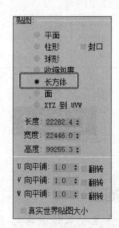

图 7-4　设置长方体映射

　　如果模型是 CR 材质，那么选择"材质"标签下"材质转换"选项区域中的"转 VR"命令，将模型全选，转化为 VR 材质。注意 Datasmith 导出文件时不设置"简化材质"选项区域的参数，如图 7-5 所示。最后检查一遍模型，将穿模、不符合现实、视线看不见，以及损坏的模型删除。

　　步骤 2：模型分层。

　　为了方便后期的制作，需要在 3ds Max 中对模型进行分层。单击"层资源管理器"按钮，所有模型按类型分层，类型如地面、吊顶、柜子、摆件、墙壁，之后每个层单独显示，这样处理模型时就能流畅很多，如图 7-6 所示。

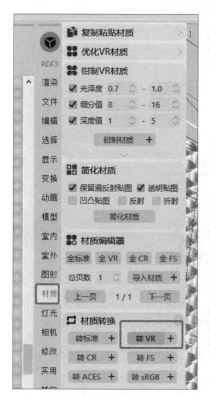

图 7-5 转 VR 材质

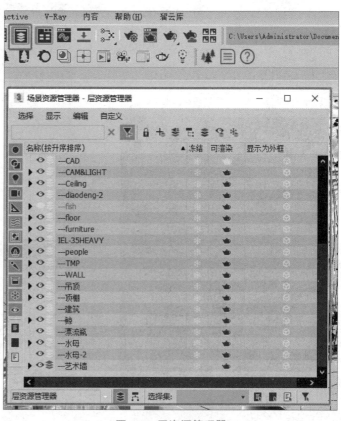

图 7-6 层资源管理器

步骤 3：调整法线。

全选模型并右击，在弹出的快捷菜单中选择"对象属性"命令，在"对象属性"对话框的"显示属性"选项区域中单击方框，选择"按对象"命令，再勾选"背面消隐"和"仅边"复选框，单击"确定"按钮。这样法线反向的面就会呈现透明状态，方便查找和修改，如图 7-7 和图 7-8 所示。

全选模型，在修改面板中单击"重置变换"选项区域中的"重置选定内容"按钮，如图 7-9 所示。重置变换后可以看见很多的模型法线为反向的。

选中模型，添加"法线"修改器，调整"统一法线"和"翻转法线"，将其法线翻转回来。如果有些模型只有几个面有问题，也可以使用"修改器列表"中的"多边形选择"修改器单独选中面再翻转，如图 7-10 所示。

为了方便，可以把"法线"按钮添加到快捷工具栏中。单击修改栏右下角的"配置修改器集"按钮，在弹出的对话框中找到"法线"按钮，拖曳替换到右边的方框中。当检查完所有法线，确认没问题后，接下来可以对模型做一些优化。

步骤 4：优化模型。

按数字键盘的 7 键可以看见当前模型的面数，如图 7-11 所示。模型的面数适度控制，通常不超过 200 万面。

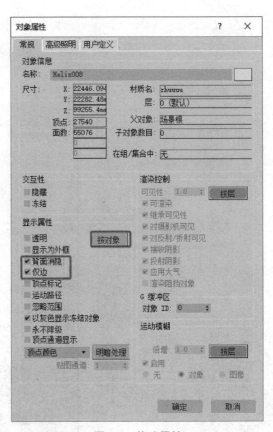

图 7-8　修改属性

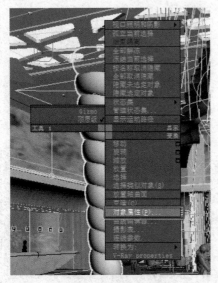

图 7-7　"对象属性"命令

图 7-9　"重置选定内容"按钮

图 7-10　"法线"修改器

图 7-11　模型面数

（1）减面操作。

选中面数多的模型，在"修改"面板中添加一个"专业优化"修改器，勾选"保持纹理"和"保持 UV 边界"复选框，单击"计算"按钮，通过修改顶点的百分比来减少面。在统计信息里可以看出减面前后差别。注意，减面要适当，不要出现破面，如图 7-12 所示。

图 7-12

图 7-12　减面

（2）塌陷操作。

塌陷是指将体积小，数量又多的细碎模型塌陷为一个整体，塌陷的模型不宜过大，如图 7-13 所示的鱼群。

图 7-13

图 7-13　塌陷

（3）删除相同模型。

在场景中可以看到有许多相同的模型，如同样的桌子、椅子等，如果这些模型不处理直接导入 UE5，那么就会在 UE5 的资源管理器中生成同样多的相同的模型。为了避免这种情况，在 3ds Max 中需要进行处理，如图 7-14 所示。

图 7-14　导入 UE5 的重复模型

图 7-15 所示的四张椅子，因为是同样的模型，所以可以直接删除其他三张椅子，在导入 UE5 后再按 Alt 键拖动复制实例。

图 7-15

图 7-15　相同模型

按照步骤 4 逐步检查，优化有问题的模型，便于进行后续的操作。将场景所有模型转化为可编辑网格，因为 UE5 里计算的是三角面，虽然不是必要的步骤，但是当模型复杂时，导入 UE5 里会出错。同时在 3ds Max 里看场景模型面数时，要看三角面的面数。

步骤 5：更改模型比例。

将 3ds Max 单位设置为厘米制，"显示单位""系统单位"最好都要确认，场景的物体比例要和现实世界保持一致。选择菜单栏中的"自定义"→"单位设置"命令，在"单位设置"对话框中将"显示单位比例"选项区的"公制"设置为"厘米"。将"显示单位比例"部分设置好之后，单击"系统单位设置"按钮，打开"系统单位设置"对话框。在"系统单位比例"选项区域中设置为"厘米"，然后单击"确定"按钮，如图 7-16 和图 7-17 所示。

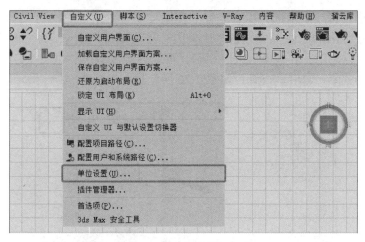

图 7-16　"单位设置"命令

单位设置完毕，可以使用辅助测量面板中的"卷尺"对模型进行测量，查看是否符合当前模型的真实大小，如图 7-18 所示。

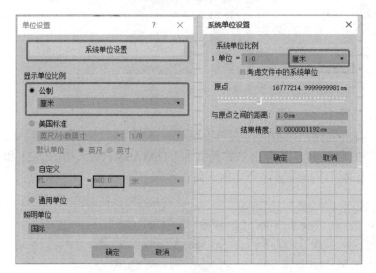

图 7-17　设置单位

图 7-18　卷尺测量

如果模型大小错误，有以下两种方法修改。

第一种方法：将模型全选并组合，按 R 键进入缩放模式，如图 7-19 所示，将选框内的数值从 100 改为 10。

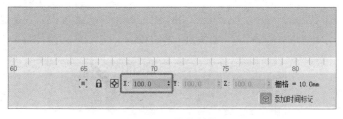

图 7-19　缩放数值

第二种方法：将模型全选并组合，在"实用程序"对话框中找到"重缩放世界单位"按钮，单击后在弹出的对话框中设置"比例因子"为0.1，"影响"为"场景"，单击"确定"按钮。这个方法中，有些模型没有塌陷，可能会产生错误。如果"实用程序"对话框中没有，就在"更多"选项里查看，如图7-20所示。

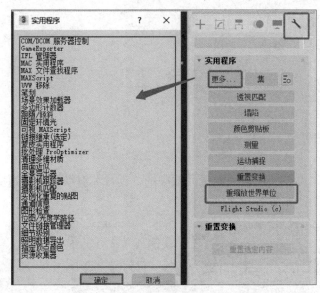

图 7-20　"重缩放世界单位"按钮

　　步骤 6：在 3ds Max 中用插件 Datasmith 导出场景。

　　按 W 键进入位移模式，右击坐标把模型的位置归于原点。将模型解组。确认无误后，全选要导出的模型，单击"导出"按钮。将导出格式设置为 UDATASMITH，如图7-21和图7-22所示。较大的模型导出时可以按层级分开导出，防止卡顿。

图 7-21　导出模型

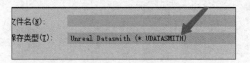

图 7-22　导出 UDATASMITH 格式

任务工单

项目 7 的
模型文件

扫码获取模型资源根据所给的 3ds Max 资源练习文件，进行模型的清理、分层、法线检查并优化模型，最后更改成合适的模型比例，进行导出。

任务 7.2　UE5 资源导入

■ **任务描述**

本任务将从新建项目开始，介绍资源导入 UE5 的方法，带读者完成独立创建项目、设置项目的任务，培养独立解决问题的能力。

 任务实施

步骤 1：新建项目。

打开平台，启动 UE5 软件，新建项目。选择"游戏"→"空白"命令，选择项目保存的位置，输入项目名称（项目名称最好是英文），此处起名 OceanPark，单击"创建"按钮，如图 7-23 所示。

图 7-23　新建项目

245

项目创建完成后，在内容浏览器里创建 Map、OceanPark 两个文件夹，如图 7-24 所示。

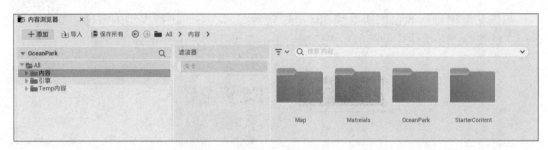

图 7-24　创建文件夹

UE5 需要开启 Datasmith Importer 插件才能导入模型。选择"设置"→"插件"命令，搜索 Datasmith，在列出的选项中勾选 Datasmith Importer 选项，单击"立即重启"按钮，如图 7-25 所示。

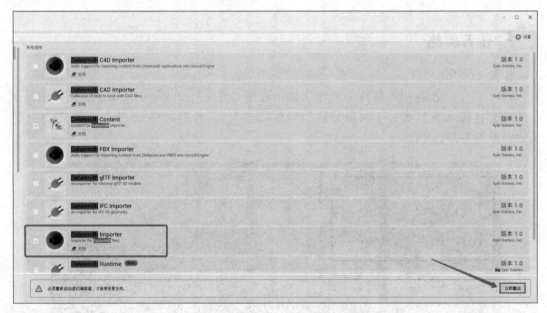

图 7-25　开启 Datasmith Importer 插件

步骤 2：项目设置。

创建完成后，选择"窗口"→"加载布局""UE4 经典布局"命令，设置 UE4 经典布局。双击进入关卡 OceanPark，打开"项目设置"对话框，在"地图和模式"栏的"默认地图"选项区域中，将两个选项都设置为 OceanPark，以便以后每次打开文件时都进入这个地图，如图 7-26 所示。

在"平台 -Windows"栏中，翻到最上面的"目标 RHT"选项区域，把"默认 RHI"设置为 DirectX 12，如图 7-27 所示。Lumen 在 DirectX 12 里可以发挥出它最好的作用。

在"引擎 - 渲染"栏中向下滑动找到 Global Illumination，确保以下设置和图 7-28 中一样。

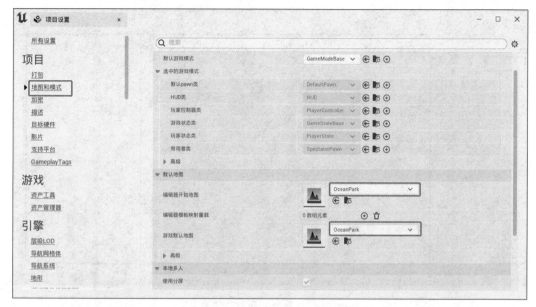

图 7-26 修改默认地图

图 7-27 修改"目标 RHT"设置

（1）"动态全局光照"和"反射方法"设置为 Lumen。

（2）反射捕获分辨率设置为 1024。

（3）软件光线追踪模式设置为"细节追踪"。

（4）阴影贴图方法设置为"虚拟阴影贴图（测试版）"。

（5）勾选"支持硬件光线追踪"复选框，改善阴影效果。

（6）勾选"在可能时使用硬件光线追踪"复选框（若未勾选 Hardware Ray Tracing 选项区域中的"支持硬件光线追踪"复选框，则无法勾选该复选框）。

（7）光照光线模式设置为"表面缓存"。

（8）勾选 Hardware Ray Tracing 选项区域下的"光线追踪阴影"复选框。

这些设置改变后，需要重新启动，项目会重新编译着色器，所以需要等待一段时间，如图 7-28 所示。

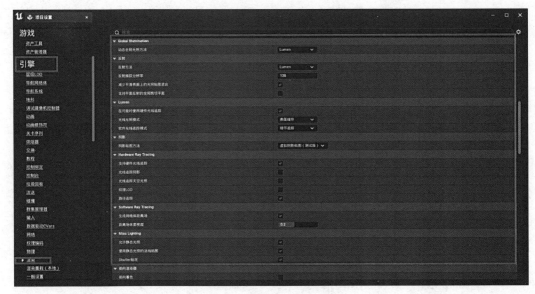

图 7-28　修改"渲染"设置

步骤 3：使用 Datasmith 插件导入模型文件。

UE5 重启之后，导入刚刚 3ds Max 保存的文件。将导入的模型放在 OceanPark 文件夹里。在导入选项里，仅勾选"几何体""材质和纹理"复选框，单击"导入"按钮，如图 7-29 和图 7-30 所示。

图 7-29　插件导入方法

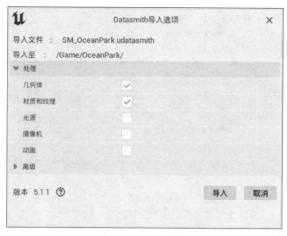

图 7-30 导入设置

导入后等待模型编译，编译的速度和计算机的性能有关。等待编译完成后模型就完整地出现在了视图里。

 任务工单

根据本任务中所述步骤，进行模型导入和设置。

任务 7.3 灯光的布置

■ 任务描述

本任务将带读者学习在 UE5 里设置室内不同灯光的技巧和方法，以便根据不同的项目需求布置灯光，提升审美方面的素养。

 任务实施

步骤 1：检查模型。

按 Alt+6 组合键进入仅光照模式，检查模型。检查到有法线反向的模型，也可以用 UE5 内置的"建模模式"修改。选择 Nrmls 命令，按情况选择"修复不一致法线"或"反转法线"命令，最后单击"接受"按钮，如图 7-31 所示。

步骤 2：设置 PostProcessVolume（后期处理体积）。

（1）创建并初步设置 PostProcessVolume（后期处理体积），如图 7-32 所示。

（2）调整曝光度不变，在"细节"面板的 Exposure（曝光）选项区域中将 Min EV100（最低亮度）和 Max EV100（最高亮度）设置为 1，如图 7-33 所示。

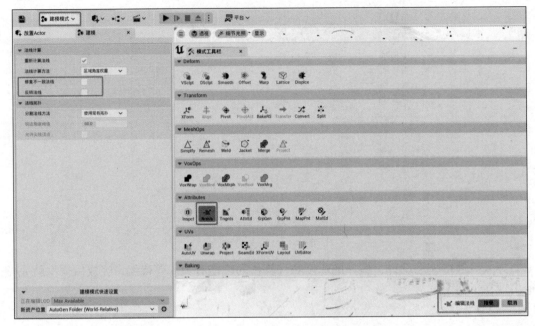

图 7-31　UE5 翻转法线方式

图 7-32　后期处理体积

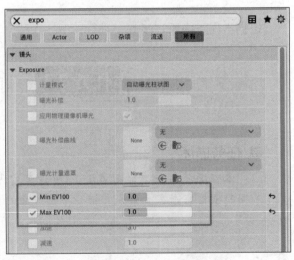

图 7-33　设置曝光

（3）在"反射"选项区域的"方法"下拉列表框中选择 Lumen 命令，将 Lumen Reflections 选项区域的"质量"设为 1，勾选"高质量半透明反射"复选框，如图 7-34 所示。

（4）勾选"无限范围（未限定）"复选框，如图 7-35 所示。

（5）在"全局光照"选项区域的"方法"下拉列表框中选择 Lumen 命令，"最终采集质量"设置为 4，如图 7-36 所示。

步骤 3：修改 SkyLight 天空光照。

Lumen 的光照主要就是依靠天空光照和太阳光的渲染，于是这两项的设置就显得尤为重要。将"强度范围"设置为 4，"间接光照强度"设置为 2，如图 7-37 所示。

图 7-34 Lumen 反射

图 7-35 勾选"无限范围（未限定）"复选框

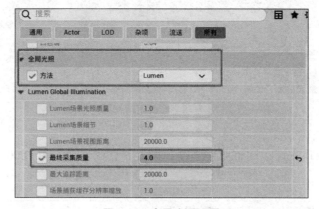

图 7-36 全局光照设置

图 7-37 天空光照参数设置

步骤4：修改定向光源。

使用定向光源模拟太阳光。寻找合适的角度，使阳光从窗户口照射进来。设置光照强度为6、间接光照强度为6，勾选"使用色温"复选框，"温度"数值设置为7000，使光偏冷，如图7-38所示。

图 7-38

图 7-38　修改定向光源

步骤5：创建矩形光。

用矩形光作为补光灯，调整照射强度，设置"衰减半径"为1000、"高光度范围"为0，如图7-39所示。

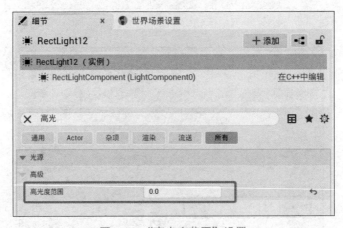

图 7-39　"高光度范围"设置

在比较黑暗的地方适当地补一点灯光，并调整色温冷暖做出点变化。注意，灯光不可设置得过于饱和，需要营造出一些明暗关系，才能让场景变得更加真实。可以使用 Alt+7 快捷键进入灯光复杂度模式以检查和调整灯光，紫色代表灯光更复杂，占用计算机资源也更高，需要适当降低，如图7-40所示。

步骤6：设置台灯，使用点光源来模拟台灯发光。

创建一个点光源，将其拖动到灯罩内的灯泡处，选中点光源，在"细节"面板中把"源半径"设置为20，勾选"使用色温"复选框，设置"温度"为5000、"强度"为10、"衰减半径"为500；切换到顶视图，选择点光源，按住 Alt 键并拖动复制4盏，将其分别移动到另外几个台灯处，如图7-41所示。

图 7-40

图 7-40　灯光复杂度

图 7-41

图 7-41　台灯灯光设置

 任务工单

　　根据本任务所述步骤，完成灯光练习，尝试改变灯光的各种设置以及位置，看看灯光对空间氛围的影响。

任务 7.4　物体材质的制作

■ 任务描述

　　本任务将带读者学习在 UE5 里不同物体材质的制作技巧，提升在材质蓝图上的编写能力。

知识准备

实用小技巧：在 UE5 里按一下 T 键，可以透过玻璃模型选中后面的物体，再按一次就会恢复正常。这种操作便于后面的模型选择。

任务实施

步骤 1：复杂玻璃材质的制作。

（1）创建一个新的父材质，重命名为 M-Glass。双击打开材质球进入材质编辑器。

（2）选中基础材质节点，在"细节"面板中将"混合模式"改为"半透明"，勾选"双面"复选框，将"光照模式"设置为"表面向前着色"，如图 7-42 所示。

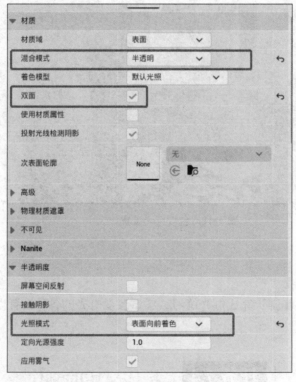

图 7-42　玻璃的基础材质设置

（3）在基础材质节点中右击"基础颜色""高光度""粗糙度"这三个节点提升为参数，这样在制作实例材质后，可以实时调整效果。保存材质。

按住 S 键并单击，可以获得一个变量参数，因为玻璃有 Fresnel 效应，所以把中间和两侧单独用参数来控制。按住 L 键并单击获得一个混合节点，A 为底层，B 为受 Alpha 影响的层，这里我们用金属度来控制反射，直接连上去。A 连接正面参数，B 连接侧面参数，如图 7-43 所示。

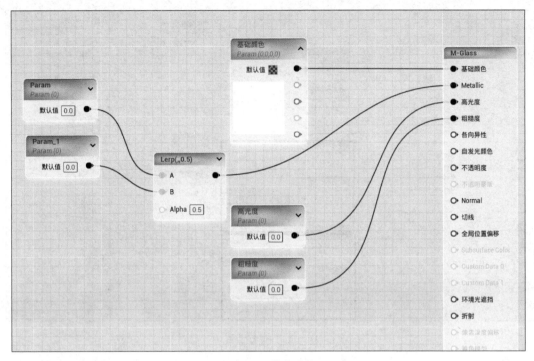

图 7-43 节点连接

右击新建一个 Fresnel 节点，给 Power 一个 IOR 参数，设置值为 1.5，然后连接到 Alpha 节点上，如图 7-44 所示。

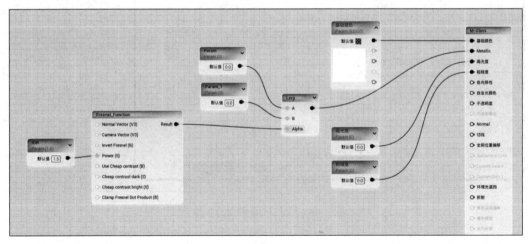

图 7-44 新建 Fresnel 节点

按 Ctrl+C 组合键复制一下反射的节点，按 Ctrl+V 组合键粘贴，用它来控制不透明度。将名称改成 transparency。同样再复制一个用来做折射效果，名称设置为 refraction，设置完后保存，注意不要重名，如图 7-45 所示。

（4）以此材质创建实例材质，在实例材质中，勾选如图 7-46 所示的复选框并调整参数。

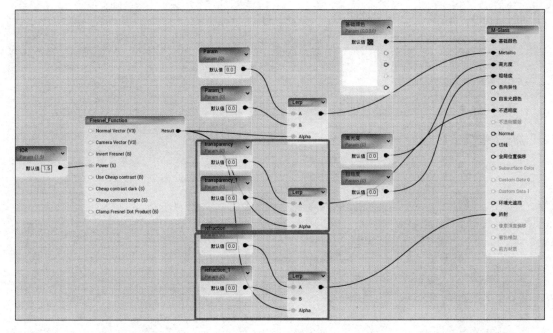

图 7-45　复制节点

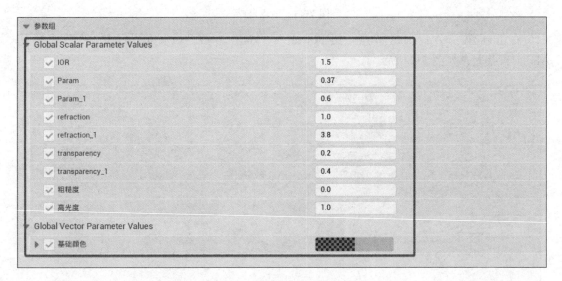

图 7-46　调整材质实例的参数

步骤 2：金属材质制作。

（1）创建一个新的父材质，重命名为 M-Metallic。双击打开材质球进入材质编辑器。

（2）在"基础材质"节点中右击"基础颜色""Metallic""粗糙度"这三个节点提升为参数，保存材质，如图 7-47 所示。

（3）以 M-Metallic 为父材质创建实例材质，在实例材质中，将如图 7-48 所示的参数打钩并调整。颜色明度越高，金属感就越强。

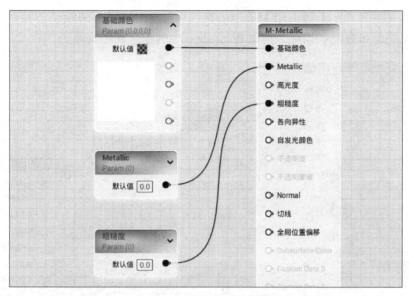

图 7-47　金属材质制作

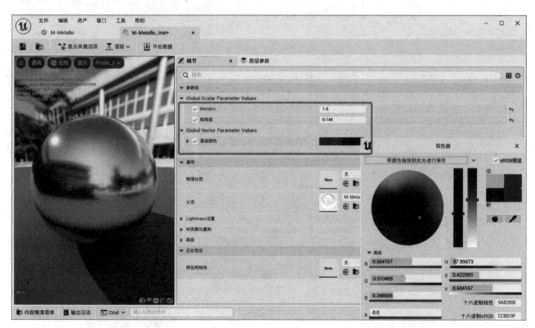

图 7-48　调整实例材质

步骤 3：布料材质制作，例如窗帘。

（1）创建一个新的父材质，重命名为 M-Curtain。双击打开材质球进入材质编辑器。"着色模型"设置为"次表面"，因为窗帘有透光性，勾选"双面"复选框，如图 7-49 所示。

（2）网上找一张布料贴图，拉入"材质"编辑器中，按住数字键 3 并单击，创建一个 RGB 颜色节

图 7-49　布料的基础材质设置

点。按住 M 键并单击，新建一个 Multiply 节点。将它们如图 7-50 所示连接到一起，这个节点是将 A 的值和 B 的值相乘，类似 Photoshop 中的正片叠底效果。

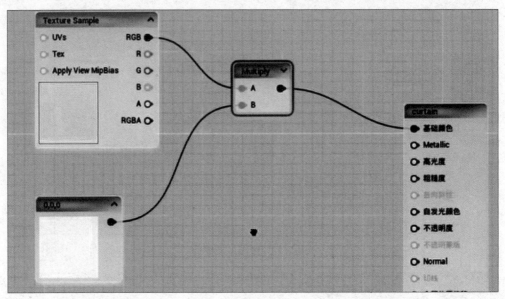

图 7-50　连接节点 1

（3）按住 U 键并单击，新建一个 TexCoord 节点，来控制纹理的 UV 比例。再建个 Multiply 节点，用一个参数来乘以 TexCoord 节点，控制纹理的重复值，如图 7-51 所示。

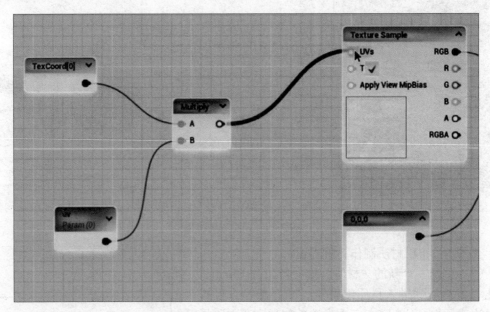

图 7-51　控制 UV 比例的节点

将高光度和粗糙度提升为参数。新建一个颜色节点，右击转换参数并命名为 sub_color，如图 7-52 所示。

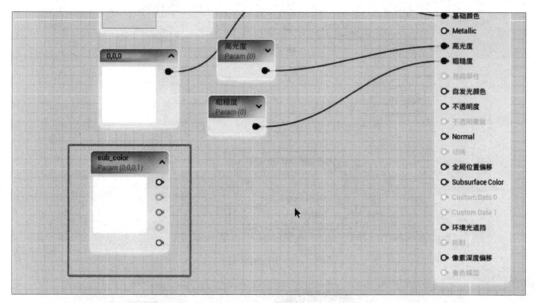

图 7-52　新建颜色节点

右击新建一个 Lerp 节点，用 Fresnel 来控制 Alpha 和一个 fade 参数用来控制 sub_color，如图 7-53 所示。

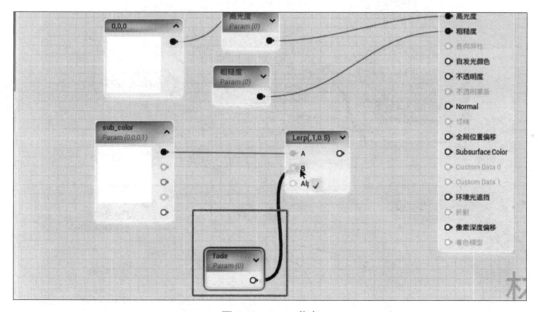

图 7-53　Lerp 节点

因为窗帘是次表面，有透光效果，所以用一个 Fresnel 节点来模拟窗帘中间透、两边不透的效果。右击新建一个 Fresnel 节点，将它连接到 Alpha，如图 7-54 所示。

在 Fresnel 节点的 ExponentIn 右击，提升为参数来控制模型外侧到中心的渐变效果，如果不加渐变处理默认为指数衰减效果，如图 7-55 所示。

将它连接到 Subsurface Color，如图 7-56 所示。

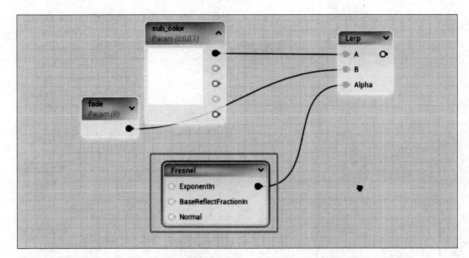

图 7-54　Fresnel 节点

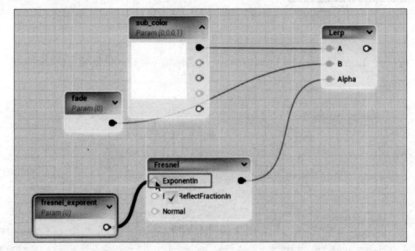

图 7-55　提升 ExponentIn 为参数

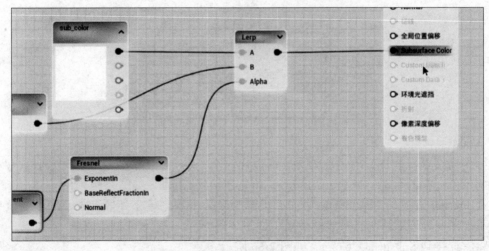

图 7-56　连接节点 2

（4）接下来进行凹凸操作，使用材质贴图做出法线贴图效果。

新建一个 NormalFromHeightmap 节点，再新建一个 Texture Object 来获取贴图，将其连接，并用上面的 TextCoord 来同步重复值，如图 7-57 所示。

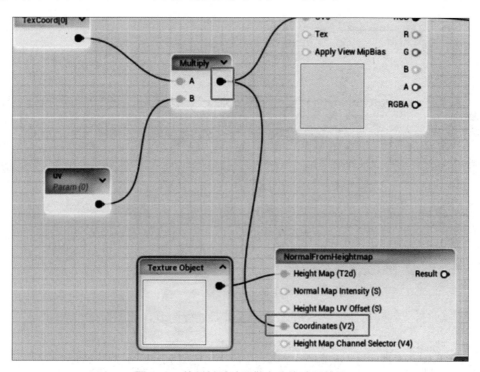

图 7-57　使用材质贴图做出法线贴图效果

新建一个 FlattenNormal 节点，用一个参数来控制凹凸强度，如图 7-58 所示。

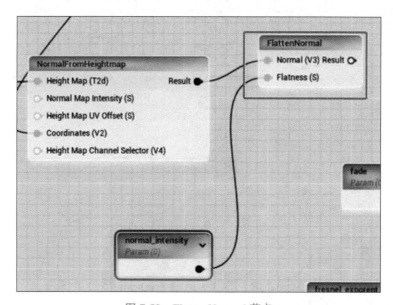

图 7-58　FlattenNormal 节点

最后直接连到 Normal 上，保存材质，如图 7-59 所示。

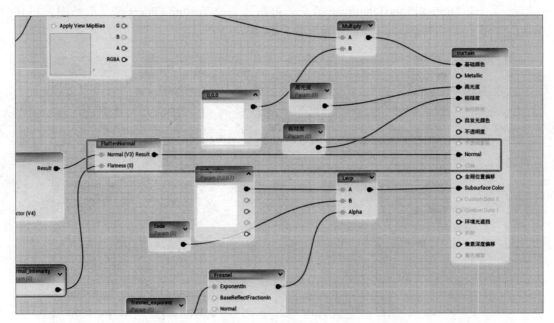

图 7-59　连接节点 3

（5）以此材质创建材质实例，进入材质编辑器进行调节，如图 7-60 所示。

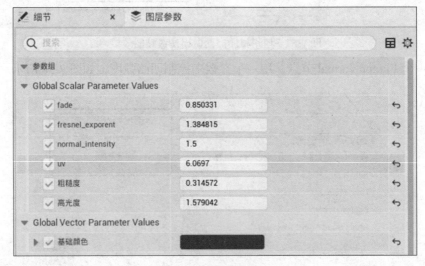

图 7-60　材质实例面板

 任务工单

根据本任务所述步骤，完成玻璃、金属、布料三种不同质感的练习。

任务 7.5　后期处理体积

■ **任务描述**

任务 7.3 创建了 PostProcessVolume（后期处理体积），本任务将使用它对整体画面进行调整。

任务实施

步骤 1： 选中后期盒子，在"细节"面板中展开 Bloom 选项区域，将"强度"设置为 2，"阈值"设置为 1。Bloom 用于控制灯光的光晕，增加强度时可以看到发光物体的周围都多了一圈光晕。阈值是用来限制发光体的，意思是只有超过阈值设定亮度的物体，才能有光晕，如图 7-61 所示。

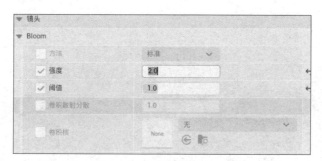

图 7-61　调整 Bloom 选项参数

步骤 2： 在 Exposure（曝光）选项区域，勾选"曝光补偿"复选框并将数值设置为 1.9，如图 7-62 所示。

图 7-62　调整曝光

步骤 3：在"细节"面板中找到并勾选"间接光照强度"复选框，强度设置为 1.1，如图 7-63 所示。

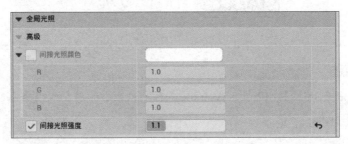

图 7-63　调整间接光照强度

步骤 4：把 Ambient Occlusion 选项区域下的"强度"设置为 0.2、"半径"设置为 100，展开"高级"选项区域，将"质量"也设置为 100。环境光遮挡效果可以使挨着折痕线、小孔、相交线和平行表面的地方变暗。在现实世界中，这些区域往往会阻挡或遮挡周围的光线，因此它们会显得更暗，如图 7-64 和图 7-65 所示。

图 7-64　调整环境光遮挡

图 7-65

图 7-65　效果展示

任务工单

根据本任务所述步骤，从 Bloom、曝光、间接光照度、环境遮挡效果等方面，对所给空间进行后期调整，熟练掌握后期处理体积的各种功能和实现效果。

任务 7.6　设 置 碰 撞

■ **任务描述**

本任务将带读者掌握在 UE5 里实现人物漫游的方法，添加一个人物模型进入场景，同时设置碰撞，防止人物穿模或掉出地图。

 任务实施

步骤 1：设置碰撞。

给地面和四周墙壁添加碰撞，选中需要添加碰撞的模型，双击进入模型编辑器，把"碰撞复杂度"设置为"将复杂碰撞用作简单碰撞"。分别将室内的主要墙壁添加上碰撞，如图 7-66 所示。

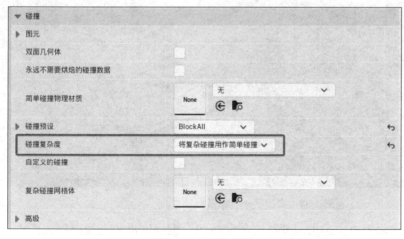

微课：设置碰撞

图 7-66　设置碰撞

步骤 2：添加玩家角色。

在内容浏览器面板中单击"添加"按钮，选择添加功能或内容包，将"第一人称游戏"添加到内容包，如图 7-67 和图 7-68 所示。

在世界场景设置里，将游戏模式重载为 BP_FirstPersonGameMode，将"默认 pawn 类"设置为 BP_FirstPersonCharacter，如图 7-69 所示。

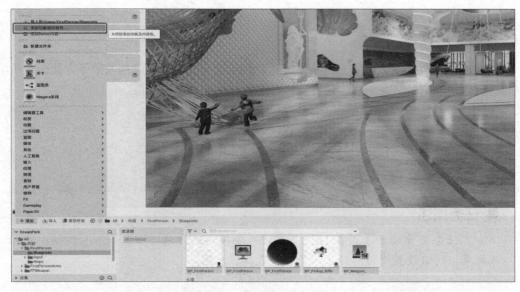

图 7-67　添加功能或内容包

图 7-68　添加第一人称游戏模式

　　在"放置 Actor"面板中，单击"基础选项"按钮，把玩家出生点拖曳到视图中，单击"运行"按钮。之后就可以在房屋里自由活动了，如图 7-70 所示。

　　载入的第一人称视角默认是有手部模型的，可以将它去掉，如图 7-71 所示。在图 7-72 所示的"内容浏览器"面板中搜索 BP_FirstPersonCharacter，双击进入蓝图类。单击视口，选中手臂模型，在"细节"面板中搜索 owner 并勾选渲染中的"拥有者不可见"复选框。最后单击"编译"按钮，保存，如图 7-73 所示。再次运行可以看到手臂被隐藏了，如图 7-74 所示。

图 7-69　重载游戏模式

图 7-70

图 7-70　创建出生点

图 7-71

图 7-71　模型穿帮

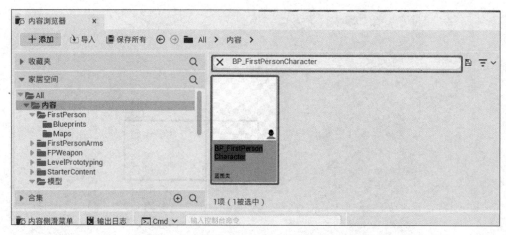

图 7-72　搜索 BP_FirstPersonCharacter

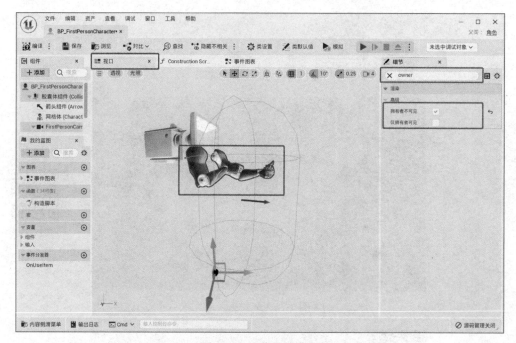

图 7-73　隐藏手臂模型

图 7-74

图 7-74　手臂被隐藏

任务工单

使用本任务中的练习文件，完成碰撞设置、添加玩家操作。

任务 7.7　打　包　输　出

■ 任务描述

本任务将带读者学习项目的打包输出。

　任务实施

步骤 1：关闭插件。　　　　　　　　　　　　　　　　　　　　　　微课：打包输出

首先关闭 Datasmith 插件，这个插件不关闭可能会使打包失败，如图 7-75 所示。

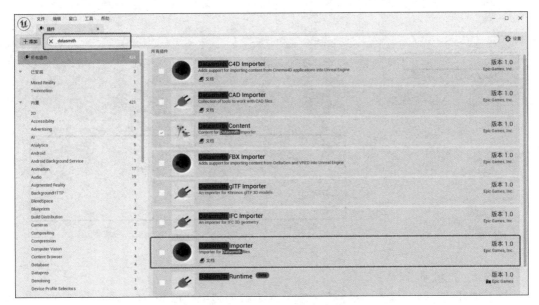

图 7-75　关闭 Datasmith 插件

步骤 2：核实项目模式和默认地图。

项目设置里，核对游戏模式是否为第一人称视角，默认地图是否为 OceanPark 关卡，如图 7-76 所示。

步骤 3：修改打包设置。

打开"项目 - 打包"栏，在"项目"选项区域将"编译配置"设置为"发行"，如图 7-77 所示。

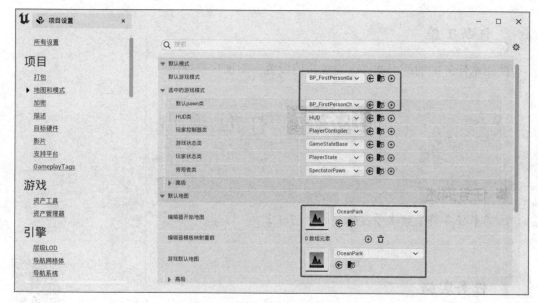

图 7-76　核实"项目设置"面板

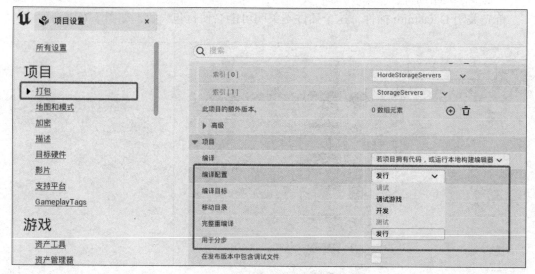

图 7-77　打包设置

步骤 4：打包项目。

接下来开始打包，单击"平台"按钮，在下拉列表中选择 Windows →"打包项目"→"发行"命令，以"发行"模式打包项目如图 7-78 所示。

第一次打包会出现提示 Windows 的 SDK 未安装，如图 7-79 所示。单击"取消"按钮，保存并关闭项目。去浏览器直接搜索 Windows SDK 并下载，如图 7-80 所示。安装包如图 7-81 所示。双击安装包图标，默认设置直到安装完成。再打开 UE5 项目，就可以正常打包了。

单击"打包项目"按钮，选择全英文的路径打包，如图 7-82 所示，注意路径中不要有中文，否则打包的时候有可能会报错，打包失败。

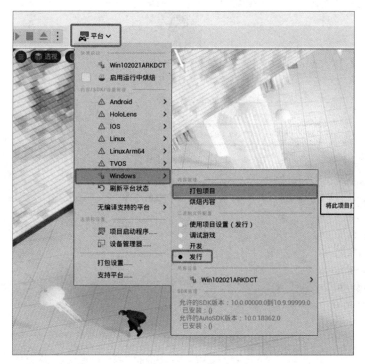

图 7-78　打包

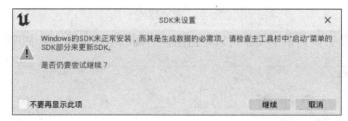

图 7-79　SDK 提示

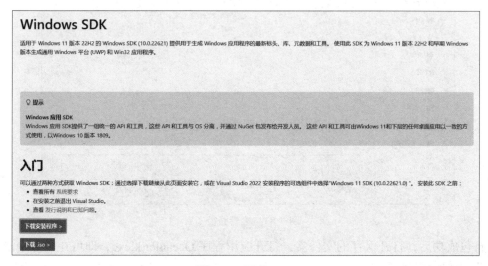

图 7-80　下载 SDK

图 7-81　SDK 安装包

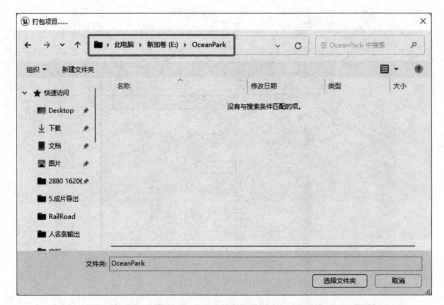

图 7-82　检查路径 1

如果不确定是否是夹杂中文，可以单击路径后面的空白处检查，如图 7-83 所示。

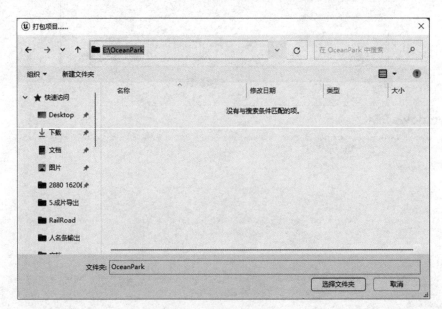

图 7-83　检查路径 2

打包成功后，打开保存的文件夹，打开应用程序 OceanPark.exe，即可在场景中漫游，如图 7-84 和图 7-85 所示。

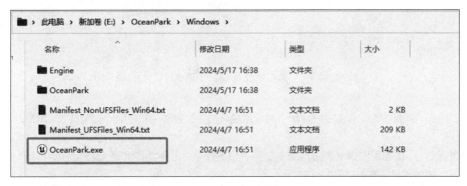

图 7-84 打包完成

图 7-85

图 7-85 漫游场景

 任务工单

使用本任务中的练习文件,将项目打包输出。

参 考 文 献

[1] 魏林，姚瑶. 虚拟现实技术在室内设计中的应用现状与发展趋势 [J]. 电脑知识与技术，2022，18（24）：133-135.

[2] 金振华，刘勇. 虚拟现实康复训练对老年脑卒中后偏瘫患者肢体功能和平衡功能的影响 [J]. 中国老年学杂志，2019，39（21）：5191-5194.

[3] 孙毅超，王艺璇，朱绍瑞，等. 虚拟现实技术在教育领域的发展与困境 [J]. 高教学刊，2017（04）：193-194.

[4] 刘焕宇，邢亚龙. 虚拟现实技术在环境艺术设计中的应用研究 [J]. 产业创新研究，2024（8）：93-95.